Fouad Soliman
Karima Mahmoud
Islam Al-hendawy

Inteligência artificial para a produção óptima de energia solar

Fouad Soliman
Karima Mahmoud
Islam Al-hendawy

Inteligência artificial para a produção óptima de energia solar

ScienciaScripts

Cover image: www.ingimage.com

This book is a translation from the original published under ISBN 978-3-659-75526-2.

Publisher:
Sciencia Scripts
is a trademark of
Dodo Books Indian Ocean Ltd. and OmniScriptum S.R.L publishing group

120 High Road, East Finchley, London, N2 9ED, United Kingdom
Str. Armeneasca 28/1, office 1, Chisinau MD-2012, Republic of Moldova, Europe
Printed at: see last page
ISBN: 978-620-8-33191-7

Inteligência artificial para a produção óptima de energia solar

Por

Fouad A. S. Soliman Karima A. Mahmoud Islam G. Al-hendawy

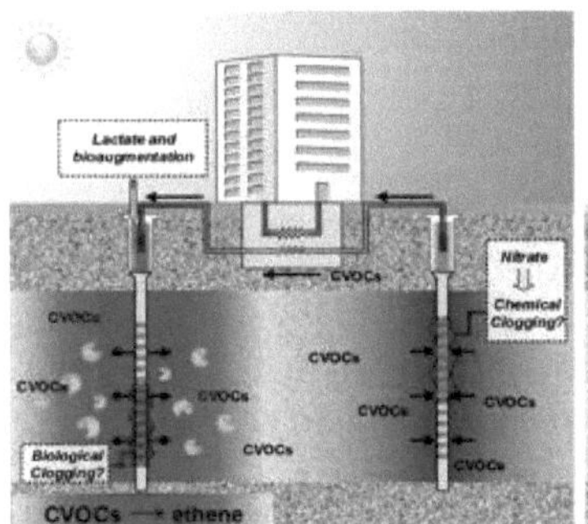

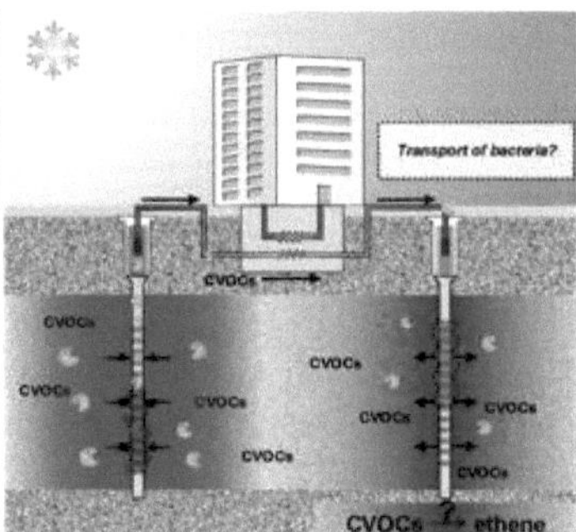

novembro de 2024

Sobre os autores

Dr. Eng. Fouad A. S. Soliman

Prof. de Engenharia Eletrónica e de Computadores,
Nuclear Materials Authority, Cairo, Egito.

Membro do Conselho Editorial de:

- **Progress in Photovoltaic, "Research and Applications", John Wiley and Sons, Reino Unido, desde 1993,**
- **Periódicos da Associação para o Avanço das Técnicas de Modelação e Simulação, AMSE, Lune, França,**
- **Jornal Internacional de Ciência da Computação e Aplicações de Engenharia (IJCSEA).**

Membro de:

- **Associação Americana para o Avanço das Ciências, N.Y., U.S.A,**
- **Academia de Ciências de Nova Iorque, Nova Iorque, E.U.A.**

Escolhido para:

- **Who's Who in the World, A.N. Marquis, N.J., U. S. A.**
- **Outstanding People of the 20thCentury, International Biographical Center de Cambridge, Inglaterra.**

Ensino nas universidades

- **Ensino dos estudantes de pós-graduação nas universidades egípcias.**

Publicações e supervisão de M.Sc. e Ph.D.
Artigos e teses supervisionadas
- **Cerca de 200**

Livros:

[1]. Fouad A. S. Soliman, **"A Novel Look on the world of Nanotechnology para hoje e para o futuro"**, Livro publicado, Lambert Academic Publishing, Omni- Scriptum GmbH and Co. KG, fevereiro de 2016, ISBN: 978-3-659-83496-7.

[2]. F. A. S. Soliman, **"Energy and the Future of Civilizations"**, publicado em Livro, Lambert Academic Publishing, Omni-Scriptum GmbH and Co. KG, abril de 2016. ISBN: 978-3-659-88129-9.

[3]. F. A. S. Soliman, **"Characterization, Simulation, Applications, Deployment and Economics of Solar Energy"**, Lambert Academic Publishing, LAP, Saarbrücken, Alemanha, maio de 2016.

ISBN: 978-3-659-89387-2.

[4]. Fouad A. S. Soliman e **Hoda A. Ashry," Role of the Nuclear A tecnologia na vida quotidiana do homem"**, Livro publicado, Lambert Publicação académica, Omni-Scriptum, GmbH and Co. KG, maio de 2016.
ISBN: 978-3-659-90461-5.

[5]. Fouad A. S. Soliman, **Safaa M. R. El-ghanam e Ashraf M. Abdel-Maksoud, "Impact of Outer Space Environment on Electronic Devices and Systems"**, Livro publicado, Lambert Academic Publishing, Omni-Scriptum GmbH e Co. KG, julho de 2016.
ISBN: 978-3-659-93044-7

[6]. **H. A. Ashry,** Fouad A. S. Soliman **e S. A. Kamh, "Nuclear Techno-logia: Future Generation, Protection and Monitoring", publicado em Livro, Lambert Academic Publishing, Omni-Scriptum GmbH e Co. KG, agosto de 2016.**
ISBN: 978-3-659-93921-1

[7]. Fouad. A.S. Soliman, **"Agriculture in Remote Areas Based on Solar Energia", Livro Publicado,** Lambert Academic Publishing, Omni-Scriptum GmbH & Co. KG, setembro de 2016.
ISBN: 978-3-659-95267-8

[8]. Fouad A. S. Soliman, **"Solar-Wind Hybrid Renewable Energy for Agricultura Sustentável"**, Livro Publicado, Lambert Academic Publishing, Omni- Scriptum GmbH and Co. KG, outubro de 2016, Número: 145917
ISBN: 978-3-659-96384-1

[9]. Fouad A. S. Soliman, **"High Voltage Transmission Lines: Importance, Maintenance and Risks",** Livro Publicado, Lambert Academic Publi-shing, Omni- Scriptum GmbH e Co. KG, novembro de 2016, Número:147937,
ISBN: 978-3-330-00309-5.

[10]. **Hoda A. Ashry e** Fouad A. S. Soliman, **Nuclear Analytical Techni-ques e Ciências Modernas,** Livro Publicado, Lambert Academic Publishing, Omni- Scriptum, GmbH and Co. KG, dezembro, 2016, No: 149558,
ISBN: 978-3-330-01772-6.

[11]. Fouad A. S. Soliman, **Energia: História, Definições, Formas, Transformações. formação e aplicações,** Livro Publicado, Lambert Academic Publishing, Omni- Scriptum, GmbH and Co. KG, janeiro de 2017.
ISBN: 978-3-330-02939-2.

[12]. Fouad A. S. Soliman, **All About Nuclear Materials, Livro Publicado,** Lambert Academic Publishing, Omni- Scriptum GmbH e Co. KG, 2017. ID do projeto (150859)
ISBN:978-3-330-03643-7.

[13]. Fouad A. S. Soliman **e Hoda A. Ashry, Focus on the Treasures of**

A Terra, Livro Publicado, Lambert Academic Publishing, Omni-Scriptum GmbH and Co. KG, fevereiro de 2017.
ISBN: 978-3-659-85407-1.

[14]. **Fouad A. S. Soliman, Geothermal Energy Technology,** Publicado em Livro, Lambert Academic Publishing, Omni-Scriptum GmbH and Co, KG., maio de 2017.
ISBN: 978-3-330-31808-3.

[15]. **Fouad A. S. Soliman, Marine Power Technology and Future of Energia,** Livro publicado, Lambert Academic Publishing, Omni-Scriptum
GmbH e Co. KG, junho de 2017.
ISBN: 978-3-330-32467-1.

[16]. **Fouad A. S. Soliman e Hoda A. Ashry, Atomic Batteries: the Easy Energia para o futuro", Livro publicado,** Lambert Academic Publishing, Omni-Scriptum. GmbH and Co. KG, julho de 2017.
ISBN:978-3-330-35308-4.

[17]. **Fouad A. S. Soliman e Hoda A. Ashry, Evolution of Synchrotron A radiação e a sua importância",** Livro publicado, Lambert Academic Publishing, Omni-Scriptum GmbH and Co. KG, agosto de 2017.
ISBN: 978-620-2-01385-7

[18]. **Fouad A. S. Soliman, "Mechatronics: Multidisciplinary Engenharia",** Livro Publicado, Lambert Academic Publishing, Omni-Scriptum, GmbH e Co. KG, agosto de 2017.
ISBN: 978-620-0-43740-2.

[19]. **Fouad A. S. Solimna e Hoda A. Ashry, "Gold and Silver Recovery from Electronic Waste", Recuperação de ouro e prata de resíduos electrónicos
Resíduos",** Livro publicado Lambert Academic Publishing, Omni-Scriptum
GmbH and Co. KG, Set. 2017.
ISBN: 978-620-2-04988-7.

[20]. **Fouad A. S. Soliman, Amira A El-laboudi, e Manal Mahdi, "Colheita de energia e necessidades humanas futuras",** Livro publicado,
Lambert Academic Publishing, Omni-Scriptum GmbH e Co. KG, novembro de 2017.
ISBN: 978-620-2-07981-5.

[21]. **Hoda A. Ashry e Fouad A. S. Soliman, "World of Neurons",** Livro publicado, Lambert Academic Publishing, Omni- Scriptum GmbH and Co. KG, janeiro de 2018.
ISBN: 978-613-4-97714-2.

[22]. **Fouad A. S. Soliman, "Role of Engineering in Therapy",** publicado em
Livro Lambert Academic Publishing, Omni- Scriptum GmbH and Co. KG, abril de 2018.
ISBN: 978-613-9-58735-3.

[23]. Fouad A. S. Soliman, **"New Trends in Exploring Earth Treasures" [Novas Tendências na Exploração dos Tesouros da Terra],** Livro publicado, Lambert Academic Publishing, Omni- Scriptum GmbH Co. KG, Nov. 2019.
ISBN: 978-620-0-46469-9.

[24]. Fouad A. S. Soliman, **"Energy: Resources, Derivative, Sustainability and Development",** Livro publicado Lambert Academic Publishing, Omni-Scriptum GmbH e Co. KG, dezembro de 2019.

[25]. Fouad A. S. Soliman **e Hamed I. E. Mira, "Nuclear Power: História, materiais, economia e futuro",** Livro publicado Lambert Publicação académica, Omni-Scriptum GmbH & Co. KG, janeiro de 2020.
ISBN: 978-620-0-46407-1.

[26]. Fouad A. S. Soliman, **"Renewable Energy and the Future of Human Vida",** Livro publicado. Lambert Academic Publishing. Omni-Scriptum GmbH e Co.KG, fevereiro de 2020.
ISBN: 978-620-0-53632-7.

[27]. Fouad A. S. Soliman, **Safaa M. R. El-ghanam, e Ashraf M. Abdel-maksoud, "Impacto ambiental da indústria energética",** Livro publicado Lambert Academic Publishing, Omni-Scriptum GmbH and Co. KG, fevereiro de 2020.
ISBN: 978-620-0-57165-6.

[28]. Fouad A. S. Soliman **e Amira Abdel-Magid, "Projections, Develo-pamentos e explorações de recursos energéticos renováveis"** Livro publicado, Lambert Academic Publishing, Omni-Scriptum GmbH and Co. KG, março de 2020.
ISBN: 978-620-065158-7.

[29]. Fouad A. A. Soliman, e **Wafaa Abd El-Basit, "Smart Photovoltaic As tecnologias e o futuro da energia",** livro publicado, Lambert Publicação académica, **Omni-Scriptum** GmbH e Co. KG, março de 2020.
ISBN: 978-620-251267-1.

[30]. Fouad A. S. Soliman, e **Sanaa A. Kamh", Open Source Hardware Tecnologia,** Livro Publicado, Lambert Academic Publishing, Omni-Scriptum GmbH and Co. KG, abril de 2020.
ISBN: 978-620-2-51639-6.

[31]. Fouad A. S. Soliman, **"Renewable Energy Technologies for Salt Water Dessalinização",** Livro Publicado, Lambert Academic Publishing, Omni-Scriptum GmbH and Co. KG, maio de 2020.
ISBN: 978-620-2-52159-8.

[32]. Fouad A. S. Soliman, **" New Trends in Renewable Energy for Humanity Benefits",** Livro publicado, Lambert Academic Publishing, Omni-Scriptum GmbH e Co. KG, maio de 2020.
ISBN: 978-620-2-51887-1.

[33]. Fouad A. S. Soliman, e **Ashraf M. Abdel-maksoud, "Energy**

Armazenamento, Transmissão e Monitorização", Livro Publicado, Lambert
Publicação académica, Omni-Scriptum GmbH e Co. KG, maio de 2020.
ISBN: 978-6213-94971-2

[34]. Fouad S. S. Soliman, **"Climate Effects on PV-Systems and their Manutenção e Reciclagem"**, Livro Publicado, Lambert Academic Publicação, Omni-Scriptum GmbH e Co. KG, junho de 2020.
ISBN: 978-620-2-56451-9.

[35]. Fouad A. S. Soliman **e Hamed I. E. Mira, "Drones: The Future of Veículos Aéreos Não Tripulados"**, Livro publicado Lambert Academic Publi-
shing, Omni-Scriptum GmbH e Co. KG, junho de 2020.
ISBN: 978-620-2-66811-8.

[36]. Fouad A. S. Soliman, **"Airborne Geophysical & Remote Sensing Based on DroneAircrafts"**, Livro publicado, Lambert Academic Publicação, Omni-Scriptum GmbH e Co. KG, julho de 2020.
ISBN: 978-620-2-67331-0.

[37]. Fouad A. S. Soliman **e Hamed I. E. Mira,** **"UXO Environmental Impacto, deteção e desminagem"**, Livro publicado Lambert Academic
Publicação, Omni-Scriptum GmbH e Co. KG, julho de 2020.
ISBN: 978-620-2-67862-9.

[38]. Fouad A. S. Soliman, e **Safaa M. El-ghanam "The World of Tecnologias de energias renováveis"**, Livro publicado, Lambert Academic
Publicação, Omni-Scriptum GmbH e Co. KG, agosto de 2020.
ISBN: 978-620-2-68432-3.

[39]. Fouad A. S. Soliman, e **Ashraf M. Abedel-maksoud", Tecnologias of Stand-Alone and Distributed Energy Systems"**, Livro publicado, Lambert Academic Publishing, Omni-Scriptum GmbH e Co. KG, setembro de 2020.
ISBN: 978-620-0-50455-6.

[40]. Fouad A. S. Soliman, **"A Novel and Efficient Aerial Techniques for Deteção de UXO"**, Livro publicado, Lambert Academic Publishing, Omni-
Scriptum GmbH and Co. KG, setembro de 2020.
ISBN: 978-620-2-79934-8

[41]. Fouad A. S. Soliman, e **Ashraf M. Abedel-maksoud, "Technology and Future of Nano-fluids"**, Livro publicado, Lambert Academic Publicação, Omni-Scriptum GmbH e Co. KG, setembro de 2020.
ISBN: 978-620-2-80132-4.

[42]. Fouad A. S. Soliman, e **Safaa M. El-ghanam,** "New Trends in the Produção, conversão, transmissão e armazenamento de energia", **Livro publicado, Lambert Academic Publishing, Omni-Scriptum GmbH e Co. KG, outubro de 2020.**
ISBN: 978-620-2-80878-1.

[43]. Fouad A. S. Soliman, **"Remote Monitoring, Net Metering, Fault**

Deteção e Manutenção Preditiva de Sistemas Eléctricos de Potência. Livro publicado, Lambert Academic Publishing, Omni-Scriptum GmbH and Co. KG, outubro de 2020.
ISBN: 978-3-330-06474-4.

[44]. **Fouad A. S. Soliman, A. A. Abu Talib e Doaa H. Hanafy, "PV Shockley-Queasier, Maximum Power, Green Houses e Rooftop Estações"**, Livro Publicado, Lambert Academic Publishing, Omni-Scriptum GmbH e Co. KG, outubro de 2020.
ISBN: 978-620-2.92085-8.

[45]. **Fouad A. S. Soliman, Wafaa A. Zekri, Soha Abel-Azim, Environ-Impacto mental da produção, transporte e distribuição de eletricidade Indústria"**, Livro Publicado, Lambert Academic Publishing, Omni-Scriptum GmbH e Co. KG, novembro de 2020.
ISBN: 978-620-3-02581-1.

[46]. **Fouad A. S. Soliman,** e **Safaa R. El-ghanam, "Future Energy DevelopMent"**, Livro Publicado, Lambert Academic Publishing, Omni-Scriptum GmbH and Co. KG, novembro de 2020.
ISBN: 978-620-3-041132.

[47]. **Fouad A. S. Soliman** e **Hamed I. E. Mira, "For More Efficient Aplicações da energia solar"**, Livro publicado Lambert Academic Publicação, Omni-Scriptum GmbH e Co. KG, dezembro de 2020.
ISBN: 978-620-801002.

[48]. **Fouad A. S. Soliman,** e **Sanaa A. Kamh, "New Trends in Micro-and Hybrid-Energy Grids"**, Livro publicado, Lambert Academic **Publishing**, Omni-Scriptum. GmbH and Co. KG, dezembro de 2020.
ISBN: 978-620-2-92022-3.

[49]. **Fouad A. S. Soliman, "Trends in Renewable Energy Resources Grid ding"**, Livro publicado Lambert Academic Publishing, Omni-Scriptum GmbH e Co. KG, janeiro de 2021.
ISBN: 978-620-3-30339-1.

[50]. **Fouad A. S. Soliman,** e **Wafaa Abdel Basit Zekri, "Gridding of Sistemas inteligentes de energia solar"**, Livro publicado, Lambert Academic Publishing, Omni-Scriptum, GmbH and Co., K.G. março de 2021.
ISBN: 978-620-3-46312-5.

[51]. **Fouad A. S. Soliman** e **Safaa R. El-ghanam, "New Trends in hoto-Voltaic System"**, Livro publicado, Lambert Academic Publishing, Omni-Scriptum GmbH and Co., K.G., dezembro de 2020.
ISBN: 978-620-3-47075-8.

[52]. **Fouad A. S. Soliman, "Automatic Monitoring of PV-Systems'**, Livro publicado Lambert Academic Publishing, Omni-Scriptum GmbH e Co. KG, setembro de 2021.
ISBN: 978-620-3-58196-6.

[53]. **Fouad A. S. Soliman,** e **Ashraf M. Abedel-maksoud, "Marine Power: O Futuro das Energias Renováveis,** Livro Publicado, Lambert

Publicação académica, Omni-Scriptum GmbH and Co. KG, novembro, 2021.
ISBN: 978-620-4-71792-0163.

[54]. Fouad A. S. Soliman, **"Carbon Capture and Sequestration",** publicado em
Livro Lambert Academic Publishing, Omni-Scriptum GmbH e Co. KG, novembro de 2021.
ISBN: 978-620-4-72561-1163.

[55]. Fouad A. S. Soliman, **e Hoda A. Ashry, "Role of Electronics and Informática em medicina energética",** Livro publicado Lambert Publicação académica, Omni-Scriptum GmbH and Co. KG, Nov. 2021.
ISBN: 978-620-4-727387.

[56]. Fouad A. S. Soliman, **e Nehal Abou-el fotoh Ali, "Future Challenges de Eletrónica baseada em Piezoeléctricos** "Livro publicado Lambert Academic
Publicação Omni-Scriptum GmbH and Co. KG, dezembro de 2021.
ISBN: 978-620-4-70844.

[57]. Fouad A. S. Soliman, **Ayman H. Shanash e Nehal Abou-el fotoh Ali, "Sustainale Energy for Human Safety and Luxury",** publicado Livro Lambert Academic Publishing, Omni-Scriptum GmbH and Co. KG, janeiro de 2022.
ISBN: 978-620-4-73029-1163.

[58]. Fouad A. S. Soliman, **e Nehal Abou-el fotoh Ali, "World of Osmo-Tic Phenomenon",** Livro publicado Lambert Academic Publishing, Omni-Scriptum GmbH & Co. KG, janeiro de 2021.
ISBN: 978-620-4-73327-2164.

[59]. Fouad A. S. Soliman, **Ayman H. Shanash & Nehal Abou-el fotoh Ali, "Uma visão profunda do futuro da energia",** livro publicado Lambert Publicação académica, Omni-Scriptum GmbH and Co. KG, Jan. 2022.
ISBN: 978-620-4-73472-9164.

[60]. Fouad A. S. Soliman, **Ayman H. Shanash e Nehal Abou-el fotoh Ali, "Transição dos combustíveis fósseis para as energias renováveis",** publicado
Livro Lambert Academic. Publishing, Omni-Scriptum GmbH and Co. KG, fevereiro de 2022.
ISBN: 978-620-4-74114-7164.

[61]. Fouad A. S. Soliman, **Ayman H. Shanash e Nehal Abou-el fotoh Ali, "Ocean Thermal Energy Conversion",** livro publicado Lambert Publicação académica, Omni-Scriptum GmbH and Co. KG, Fev. 2022.
ISBN: 978-620-4-74278-61.

[62]. Fouad A. S. Soliman, **Ayman H. Shanash e Nehal Abou-el fotoh Ali, "The Rapid Movement towards Clean Green World" (O movimento rápido para um mundo verde e limpo),** publicado
Livro Lambert Academic. Publishing, Omni-Scriptum GmbH and Co. KG, fevereiro de 2022.
ISBN: 9786-204-745 183.

[63]. Fouad A. S. Soliman, **Ayman H. Shanash e Nehal Abou-el fotoh**

Ali, "Engenharia de sistemas de energia renovável", Livro publicado Lambert Academic Publishing, Omni-Scriptum GmbH e Co. KG, fevereiro de 2022.
ISBN: 978-620-4-74716-3.

[64]. Fouad A. S. Soliman, Ayman H. Shanash e Nehal Abou-el fotoh Ali, "De A a Z sobre as energias renováveis", livro publicado Lambert Academic Publishing, Omni-Scriptum GmbH e Co. KG, março de 2022.
ISBN: 9786-202-053099.

[65]. Fouad A. S. Soliman, Hamed I. E. Mira e Nehal Abou-el fotoh Ali, **"Passos no caminho do futuro e da conservação da energia",** publicado Livro Lambert Academic Publishing, Omni-Scriptum GmbH and Co. KG, março de 2022.
ISBN: 9786-139-448388.

[66]. Fouad A. S. Soliman, Nehal Abou-el fotoh Ali & Karima A. Mahmoud, **"Engenharia e conforto na vida inteligente",** Livro publicado Lambert Publicação académica, Omni-Scriptum GmbH and Co. KG, março de 2022.
ISBN: 978-620-0-24999-91.

[67]. Fouad A. S. Soliman, Hoda A. Ashry e Nehal Abou-el fotoh Ali, **"World of Fuel Cells",** Livro publicado Lambert Academic Publishing, Omni-Scriptum GmbH e Co. KG, abril de 2022.
ISBN: 978-620-4-74855-91.

[68]. Fouad A. S. Soliman, Nehal Abou-el fotoh Ali e Wafaa A. Zekri, **"Engenharia de Sistemas Fotovoltaicos",** Livro publicado Lambert Publicação académica, Omni-Scriptum GmbH and Co. KG, abril de 2022.
ISBN: 978-620-4-74893-11.

[69]. Fouad A. S. Soliman, Amira A. Abo-talib e Doaa H. Hanafy, "**Papel da Engenharia Eletrónica nas Ciências Automóvel e Mecânica ence",** Livro publicado Lambert Academic Publishing, Omni-Scriptum, GmbH e Co. KG, maio de 2022.
ISBN: 978-620-4-75130-61.

[70]. Fouad A. S. Soliman, Nihal Abou-alfotoh Ali,**" Nano-fiber: O Futuro of Materials",** publicado no livro Lambert Academic Publishing, Omni-Scriptum, GmbH e Co. KG, maio de 2022.
ISBN: 978-620-4-95505-616.

[71]. Fouad A. S. Soliman, Sanaa A. Kamh e Doaa H. Hanafy**", The Brilliant O futuro do lítio no armazenamento de energia",** Livro publicado Lambert Publicação académica, Omni-Scriptum, GmbH and Co. KG, maio de 2022.
ISBN: 978-620-4-98014-0165519.

[72]. Fouad A. S. Soliman, e Hamed I. E. Mira**, "Stereo Microscope: the Nano-Imaging Tool of Future",** Livro publicado Lambert Academic

Publicação, Omni-Scriptum, GmbH e Co. KG, maio de 2022.
ISBN: 978-620-5489-406.

[73]. **Fouad A. S. Soliman**, Amira A. Abo-talib El-laboudi e Karima A. Mahmoud**, "Futuro das tecnologias híbridas de energia",** Livro publicado
Lambert Academic Publishing, Omni-Scriptum, GmbH e Co. KG, maio de 2022.
ISBN: 978-620-5489-406.

[74]. **Fouad A. S. Soliman,** Wafaa Abdel-basit Zekri e Karima A. Mahmoud, **"O futuro brilhante da imagem digital",** livro publicado Lambert Publicação académica, Omni-Scriptum, GmbH and Co. KG, agosto de 2022.
ISBN: 978-6205-4956-12.

[75]. **Fouad A. S. Soliman, "Future of Interdisciplinary Sciences",** publicado em
Livro Lambert Academic Publishing, Omni-Scriptum, GmbH and Co. KG,
outubro de 2022.
ISBN: 978-620-5-50245-71.

[76]. **Fouad A. S. Soliman e Karima A. Mahmoud, "Fewer Losses on Geração de energia renovável e aplicações",** Livro publicado Lambert Academic Publishing, Omni-Scriptum, GmbH e Co. KG, outubro de 2022.
ISBN: 978-620-4-980669.

[77]. **Fouad A. S. Soliman, Amira Abou-talib El-laboudi e Doaa H. Hassan, "Food Energy",** Livro publicado, Lambert Academic Publicação, Omni-Scriptum, GmbH e Co. KG, outubro de 2022.
ISBN: 978-620-5-50995-116.

[78]. **Fouad A. S. Soliman, Wafaa Abdel-basit Zekri & Karima A. Mahmoud," O mundo brilhante do grafeno",** Livro publicado Lambert Academic Publishing, Omi-Scriptum, GmbH e Co. KG, outubro de 2022.
ISBN: 978-620-5-51599-016.

[79]. **Fouad A. S. Soliman, Amira A. Abo-talib & Doaa H. Hanafy," Wind as a Mainstream Renewable Power",** Livro publicado Lambert Publicação académica, Omni-Scriptum, GmbH and Co. KG, outubro de 2022.
ISBN: 978-620-5-52588-316.4

[80]. **Fouad A. S. Soliman, e Karima A. Mahmoud,** "Unmanned Aerial Aplicações e desenvolvimento de veículos para pesos de poucos gramas",
Livro publicado Lambert Academic Publishing, Omni-Scriptum, GmbH and Co. KG, outubro de 2022.
ISBN: 978-620-4-980669.

[81]. **Fouad A. S. Soliman, e Karima A. Mahmoud,** "The Benefits of

O plástico e os seus perigos iminentes para a humanidade". Livro publicado
Lambert Academic Publishing, Omni-Scriptum, GmbH and Co. KG, Out.
2022.
ISBN: 978-620-5622472.

[82]. **Fouad A. S. Soliman, e Karima A. Mahmoud, "Advanced Tecnologias para prospeção e mineração de ouro",** Livro publicado Lambert Academic Publishing, Omni-Scriptum, GmbH e Co. KG, fevereiro de 2023.
ISBN: 978-620-6142263.

[83]. **Fouad A. S. Soliman, e Karima A. Mahmoud, "Neuro-linguistic Programing",** Livro publicado Lambert Academic Publishing, Omni-Scriptum, GmbH e Co. KG, março de 2023.
ISBN: 978-620-14432.

[84]. **Fouad A. S. Soliman, e Karima A. Mahmoud, "Future Techniques In Mind Mapping",** publicado no livro Lambert Academic Publishing, Omni-Scriptum, GmbH, and Co. KG, março de 2023.
ISBN: 978-6206-147640.

[85]. **Fouad A. S. Soliman, e Hamid I. E. Mira, "Copper for Bright O futuro das energias renováveis",** Livro publicado Lambert Academic Publicação, Omni-Scriptum, GmbH e Co. KG, março de 2023.
ISBN: 978-6206-142263.

[86]. **Fouad A. S. Soliman, Amira A. Abo-talib e Doaa H. Hanafy, Renewable Energy the Power of World by 2050",** Livro publicado Lambert Academic Publishing, Omni-Scriptum, GmbH e Co. KG, março de 2023. abril de 2023.
ISBN: 978-6206-153573.

[87]. **Fouad A. S. Soliman, e Karima A. Mahmoud, Global Energy Interligação e prática"** Livro publicado Lambert Academic Publicação Omni-Scriptum, GmbH e Co. KG. abril de 2023.
ISBN: 978-6206-153573.

[88]. **Fouad A. S. Soliman, Hamid I. E. Mira e Karima A. Mahmoud, "Uma visão do mundo da tecnologia da energia eólica".**Publicado Livro Lambert Academic Publishing, Omni-Scriptum, GmbH and Co. KG. setembro de 2023.
ISBN: 978-6206-781967.

[89]. **Fouad A. S. Soliman, Wafaa A. Zekri e Karima A. Mahmoud, "O papel do hidrogénio na vida humana" -** Livro publicado Lambert Publicação académica, Omni-Scriptum, GmbH e Co. KG. Set. 2023.
ISBN: 978-6206-78625-2.

[90]. **Fouad A. S. Soliman, e Karima A. Mahmoud, "Future of Energia renovável e técnicas de armazenamento".** Livro publicado Lambert Academic Publishing, Omni-Scriptum, GmbH e Co. KG. setembro de 2023.
ISBN: 978-6206-790570.

[91]. Fouad A. S. Soliman, **Hamid I. E. Mira e Karima A. Mahmoud, "Importância, Pobreza, Transmissão, Segurança das Energias Renováveis**
Livro publicado Lambert Academic Publishing, Omni-Scriptum, GmbH e Co. KG. setembro de 2023.
ISBN: 978-6206-8433513.

[92]. Fouad A. S. Soliman, **Hamid I. E. Mira e Karima A. Mahmoud, "Rumo a 100 % de energias renováveis" -** Livro publicado Lambert Academic Publishing, Omni-Scriptum, GmbHand Co. KG. Dez. 2023.
ISBN: 978-620-7-44774-9.

[93]. Fouad A. S. Soliman, **e Karima A. Mahmoud, "Vehicles Operação para um futuro não poluído".** Livro publicado Lambert Publicação académica, Omni-Scriptum, GmbH e Co. KG. Dez. 2023.
ISBN: 978-620-7-45399-3.

[94]. Fouad A. S. Soliman, **e Karima A. Mahmoud, "World of Photonics".** Livro publicado Lambert Academic Publishing, Omni-Scriptum, GmbH e Co. KG. dezembro de 2023.
ISBN: 978-620-7-45399-3.

[95]. Fouad A. S. Soliman, **e Karima A. Mahmoud, "Electronics and Ciências informáticas para eleições justas".** Livro publicado Publicação académica, Omni-Scriptum, GmbH e Co. KG. Dez. 2023.
ISBN: 978-620-7-474783.

[96]. Fouad A. S. Soliman, **Hamid I.ER.Mira e Karima A. Mahmoud, "Fosfatos, Ácidos Fosfóricos e Células Fúlgidas".** Livro publicado Lambert
Publicação académica, Omni-Scriptum, GmbH e Co. KG. Dez. 2023.
ISBN: 978-620-7-484935.

[97]. Fouad A. S. Soliman, **e Karima A. Mahmoud, "Waste Heat Recovery for Power Generation Applications".** Livro publicado Lambert Academic Publishing, Omni-Scriptum, GmbH e Co. KG. dezembro de 2023.
ISBN: 978-620-7-48768-4.

[98]. Fouad A. S. Soliman, **Hamed I. E. Mira, e Karima A. Mahmoud,** "Estradas Solares", Livro Publicado. Lambert Academic Publishing, Omni-
Scriptum, GmbH e Co. KG. janeiro de 2024.
ISBN: 978-620-3-19965-5.

[99]. Fouad A. S. Soliman, **e Karima A. Mahmoud, "Solar Energy**
Livro publicado Lambert Academic Publishing, Omni-Scriptum, GmbH e Co. KG, maio de 2024.
ISBN: 978-620-7-64062-1.

[100]. Fouad A. S. Soliman, **e Karima A. Mahmoud, "New Look to the O mundo da energia negra e dos materiais".** Livro publicado Lambert
Publicação académica, Omni-Scriptum, GmbH e Co. KG, junho de 2024.
ISBN: 978-620-7-64872-6.

[101]. Fouad A. S. Soliman, e **Karima A. Mahmoud, "Artificial Intelligence e o Futuro da Humanidade"**. Livro publicado Lambert Academic Publishing, Omni-Scriptum, GmbH e Co. KG, junho de 2024.
ISBN: 978-620-7-65198-6.

[102]. Fouad A. S. Soliman, e **Karima A. Mahmoud, "Technological Roadmapas para o objetivo de emissões líquidas zero até 2030 e 2050"**. Livro publicado Lambert Academic Publishing, Omni - Scriptum, GmbH and Co. KG, junho 2024.
ISBN: 978-620-7-809264.

[103]. Fouad A. S. Soliman, **Hamed I. E. Mira e Karima A. Mahmoud, "Perovskite para o futuro brilhante das células solares".** Livro publicado Lambert Academic Publishing, Omni - Scriptum, GmbH and Co. KG, julho 2024.
ISBN: 978-620-7-995462.

[104]. Fouad A. S. Soliman **e Karima A. Mahmoud, "Role of Neural Redes sobre o futuro brilhante das ciências da computação".** Publicado Livro Lambert Academic Publishing, Omni - Scriptum, GmbH and Co. KG, agosto de 2024.
ISBN: 978-620-8-01103-1.

[105]. Fouad A. S. Soliman, **Hamed I. E. Mira e Islam G. El-hendawy, "Regenerações de células fotovoltaicas e seus desenvolvimentos Investigação",** Livro publicado Lambert Academic Publishing, Omni - Scriptum, GmbH e Co. KG, setembro de 2024.
ISBN: 978-620-8-11919-5.

[106]. Fouad A. S. Soliman **e Karima A. Mahmoud, "World of Hybridização".** Livro publicado Lambert Academic Publishing, Omni -Scriptum, GmbH e Co. KG, outubro de 2024.
ISBN: 978-620-817902.

[107]. Fouad A. S. Soliman **e Karima A. Mahmoud, "Tecnologias laser e futuras aplicações"**. Livro publicado Lambert Academic Publishing, Omni -Scriptum, GmbH and Co. KG, outubro de 2024.
ISBN: 978-620-8-22485-1.

Investigador de Física

[1]. **Fouad A. S. Soliman e** Karima A. Mahmoud, **"Future of Materiais Compósitos"** Livro publicado, Lambert Academic Publishing,
Omni-Scriptum GmbH e Co. KG, julho de 2019.
ISBN: 978-620-0-24780-3.

[2]. **Fouad A. S. Soliman** e Karima A. Mahmoud, **"Neurons Modeling e Circuitos Eléctricos Equivalentes",** Publicação, Omni-Scriptum GmbH
and Co. KG, agosto de 2019.
ISBN: 978-620-0-29375-6.

[3]. **Fouad A. S. Soliman** e Karima A. Mahmoud **"Future of Electron Beam Applications",** Publishing, Omni-Scriptum GmbH and Co. KG, setembro de 2019.
ISBN: 978-620-0-43740-2.

[4]. **Fouad A.S.Soliman e** Karima A. Mahmoud, **"Renewable Energy e o futuro da vida humana",** Livro publicado Lambert Academic Publicação, Omni-ScriptumGmbH e Co. KG, fevereiro de 2020.
ISBN: 978-620-0-53632-7.

[5]. **Fouad A. S. Soliman**, Karima A. Mahmoud e Amira Abdel-magid, **"Projecções, desenvolvimentos e explorações de energias renováveis Recursos"** Livro publicado, Lambert Academic Publishing, Omni Scriptum GmbH and Co. KG, março de 2020.
ISBN: 978-620-065158-7.

[6]. **Fouad A. A. Soliman,** Wafaa Abd El-Basit e **Karima A. Mahmoud,** "**Tecnologias fotovoltaicas inteligentes e o futuro da energia**", Livro publicado, Lambert Academic Publishing, Omni- Scriptum GmbH and Co. KG, março de 2020.
ISBN: 978-620-251267-1

[7]. **Fouad A. S. Soliman, Sanaa A.Kamh e** Karima A. Mahmoud**", Tecnologia de hardware de código aberto,** Livro publicado, Lambert Publicação académica, Omni-Scriptum GmbH e Co. KG, abril de 2020.
ISBN: 978-620-2-51639-6.

[8]. **Fouad A. S. Soliman e** Karima A. Mahmoud, **"New Trends in Benefícios das energias renováveis para a humanidade",** livro publicado, Lambert
Publicação académica, Omni-Scriptum GmbH e Co. KG, maio de 2020.
ISBN: 978-620-2-51887-1.

[9]. **Fouad A. S. Soliman, Ashraf M. Abdel-maksoud e** Karima A. Mahmoud,**" Armazenamento, transmissão e monitorização de energia",**
Livro publicado, Lambert Academic Publishing, Omni-Scriptum GmbH e Co. K.G., maio de 2020.
ISBN: 978-6213-94971-2.

[10]. **Fouad A. S. Soliman**, Karima A. Mahmoud e Amira Abdel-Magid, **"Projecções, desenvolvimentos e explorações de energias renováveis**

Recursos" Livro publicado, Lambert Academic Publishing, Omni-Scriptum GmbH and Co. KG, março de 2020.
ISBN: 978-620-065158-7.

[11]. Fouad A. A. Soliman, Wafaa Abd El-Basit e **Karima A. Mahmoud" Smart Photovoltaic Technologies and the Future of Energy" (Tecnologias fotovoltaicas inteligentes e o futuro da energia),**
Livro publicado, Lambert Academic Publishing, Omni- Scriptum GmbH and Co. KG, março de 2020.
ISBN: 978-620-251267-1

[12]. Fouad A. S. Soliman, Sanaa A. Kamh e Karima A. Mahmoud", Tecnologia de hardware de código aberto, Livro publicado, Lambert Publicação académica, Omni-Scriptum GmbH e Co. KG, abril de 2020.
ISBN: 978-620-2-51639-6

[13]. Fouad A. S. Soliman e Karima A. Mahmoud," New Trends in Benefícios das energias renováveis para a humanidade", livro publicado, Lambert
Publicação académica, Omni-Scriptum GmbH and Co. KG, maio de 2020.
ISBN: 978-620-2-51887-1.

[14]. Fouad A. S. Soliman, Ashraf M. Abdel-maksoud e Karima A. Mahmoud, "Armazenamento, transmissão e monitorização de energia",
Livro publicado, Lambert Academic Publishing, Omni-Scriptum GmbH and Co. KG, maio de 2020.
ISBN: 978-613-4-94971-2.

[15]. Fouad S. S. Soliman, e Karima A. Mahmoud, "Climate Effects on Sistemas fotovoltaicos e sua manutenção e reciclagem", Livro publicado,
Lambert Academic Publishing, Omni-Scriptum GmbH e Co. KG, junho 2020.
ISBN: 978-620-2-56451-9.

[16]. Fouad A. S. Soliman, Safaa M. El-Ghanam e Karima A. Mahmoud, "O mundo das tecnologias de gel", Livro publicado,
Lambert Academic Publishing, Omni-Scriptum GmbH e Co. KG, agosto de 2020.
ISBN: 978-620-2-68432-3.

[17]. Fouad A. S. Soliman, Ashraf M. Abedel-maksoud e Karima A. Mahmoud", Tecnologias de energia autónoma e distribuída Systems", Livro Publicado, Lambert Academic Publishing, Omni-Scriptum GmbH and Co. KG, setembro de 2020.
ISBN: 978-620-0-50455-6.

[18]. Fouad A. S. Soliman, Ashraf M. Abedel-maksoud e Karima A. Mahmoud", Technology and Future of Nano-fluids", Livro publicado,
Lambert Academic Publishing, Omni-Scriptum GmbH e Co. KG, setembro de 2020.
ISBN: 978-620-2-80132-4.

[19]. **Fouad A. S. Soliman, Sanaa A. Kamh e Karima A. Mahmoud,** "Novas tendências em redes de energia micro e híbridas", Livro publicado, Lambert Academic **Publishing**, Omni-Scriptum GmbH e Co. KG, dezembro de 2020.
ISBN: 978-620-2-92022-3.

[20]. **Fouad A. S. Soliman, Safaa R. El-Ghanam e Karima A. Mahmoud, "Novas Tendências em Sistemas Fotovoltaicos", Livro** Publicado, **Lambert Academic Publishing, Omni-Scriptum GmbH and Co, K.G. Dez. 2020.**
ISBN: 978-620-3-47075-8.

[21]. **Fouad A. S. Soliman, Hamed I. E. Mira e Karima A. Mahmoud, "Pneus de sucata entre as tecnologias de reciclagem e de bioenergia",** Livro publicado Lambert Academic Publishing, Omni-Scriptum GmbH and Co. KG, março de 2021.
ISBN: 978-620-57464-7.

[22]. **Fouad A. S. Soliman e Karima A. Mahmoud, "Automatic Monitoring of PV-Systems',** Livro publicado Lambert Academic. Publicação, Omni-Scriptum GmbH e Co. KG, setembro de 2021.
ISBN: 978-620-3-58196-6.

[23]. **Fouad A. S. Soliman, Hamed I. E. Mira e Karima A. Mahmoud, "Hidrogénio: O Futuro dos Combustíveis sem Carbono",** Livro Publicado Lambert Academic Publishing, Omni-Scriptum GmbH e Co. KG, outubro de 2021.
ISBN: 978-620-40 20741-4.

[24]. **Fouad A. S. Soliman, e Karima A. Mahmoud, "**Unmanned Aerial Aplicações e desenvolvimento de veículos para pesos de poucos gramas**",** Livro publicado Lambert Academic Publishing, Omni-Scriptum, GmbH and Co. KG, outubro de 2022.
ISBN: 978-620-4-980669.

[25]. **Fouad A. S. Soliman, e Karima A. Mahmoud, "**The Benefits of O plástico e os seus perigos iminentes para a humanidade**",** livro publicado Lambert Academic Publishing, Omni-Scriptum, GmbH e Co. KG, outubro de 2022.
ISBN: 978-620-5622472.

[26]. **Fouad A. S. Soliman, e Karima A. Mahmoud, "Advanced Tecnologias para prospeção e mineração de ouro",** Livro publicado Lambert Academic Publishing Omni-Scriptum, GmbH e Co. KG, fevereiro de 2023.
ISBN: 978-620-6142263.

[27]. **Fouad A. S. Soliman e** Karima A. Mahmoud, **"Neuro-linguistic Programação"**, Livro publicado Lambert Academic Publishing, Omni-Scriptum, GmbH e Co. KG, março de 2023.
ISBN: 978-620-14432.

[28]. **Fouad A. S. Soliman, e** Karima A. Mahmoud, **"Global Energy Interligação e prática"**, livro publicado pela Lambert Academic Publicação, Omni-Scriptum, GmbH e Co. KG, abril de 2023.
ISBN: 978-6206-153573.

[29]. **Fouad A. S. Soliman, Hamid I. E. Mira e** Karima A. Mahmoud, **"Uma visão do mundo da tecnologia da energia eólica".**Publicado Livro Lambert Academic Publishing, Omni-Scriptum, GmbH and Co. KG. setembro de 2023.
ISBN: 978-6206-781967.

[30]. **Fouad A. S. Soliman, Wafaa A. Zekri e** Karima A. Mahmoud, **Role do Hidrogénio na Vida Humana".** Livro publicado Lambert Academic
Publishing, Omni-Scriptum, GmbH and Co. KG. setembro de 2023.
ISBN: 978-6206-78625-2.

[31]. **Fouad A. S. Soliman e Karima** A. Mahmoud, **"Future of Energia renovável e técnicas de armazenamento".** Livro publicado Lambert Academic Publishing, Omni-Scriptum, GmbH e Co. KG. setembro de 2023.
ISBN: 978-6206-790570.

[32]. **Fouad A. S. Soliman, Hamid I. E. Mira e** Karima A. Mahmoud, **"Importância, pobreza, transmissão e segurança das energias renováveis**
Livro publicado Lambert Academic Publishing, Omni-Scriptum, GmbH e Co. KG. setembro de 2023.
ISBN: 978-6206-8433513.

[33]. **Fouad A. S. Soliman, Hamid I. E. Mira e** Karima A. Mahmoud, **"Rumo a 100 % de energias renováveis" -** Livro publicado Lambert Publicação académica, Omni-Scriptum, GmbH e Co. KG. Dez. 2023.
ISBN: 978-620-7-44774-9.

[34]. **Fouad A. S. Soliman, e** Karima A. Mahmoud, **"Vehicles Operation At Non-polluted Future",** livro publicado pela Lambert Academic Publi-
shing, Omni-Scriptum, GmbH e Co. KG. dezembro de 2023.
ISBN: 978-620-7-45399-3.

[35]. Fouad A. S. Soliman, **e Karima A. Mahmoud, "World of Photonics".** Livro publicado Lambert Academic Publishing, Omni-Scriptum, GmbH e Co. KG. dezembro de 2023.
ISBN: 978-620-7-467945.

[36]. **Fouad A. S. Soliman, e** Karima A. Mahmoud, **"Electronics and Ciências informáticas para eleições justas".** Livro publicado Lambert Publicação académica, Omni-Scriptum, GmbH e Co. KG. Dez. 2023.
ISBN: 978-620-7-474783.

[37]. **Fouad A. S. Soliman e Karima A. Mahmoud, "Phosphates, Ácidos Fosfóricos e Células Fúngicas".** Livro publicado Lambert Academic Publishing, Omni-Scriptum, GmbH and Co. KG. dezembro de 2023. **ISBN: 978-620-7-484935.**

[38]. **Fouad A. S. Soliman, eKarima A. Mahmoud, "Waste Heat Recovery for Power Generation Applications".** Livro publicado Lambert Publicação académica, Omni-Scriptum, GmbH e Co. KG. Dez. 2023. **ISBN: 978-620-7-48768-4.**

[39]. **Fouad A. S. Soliman, Hamed I. E. Mira, e Karima A. Mahmoud, "Estradas Solares"**, Livro Publicado. Lambert Academic Publishing, Omni-Scriptum, GmbH e Co. KG. janeiro de 2024. **ISBN: 978-620-3-19965-5.**

[40]. **Fouad A. S. Soliman, eKarima A. Mahmoud, "Solar Energy Engineering".** Livro publicado Lambert Academic Publishing, Omni-Scriptum, GmbH e Co. KG, maio de 2024. **ISBN: 978-620-7-64062-1.**

[41]. **Fouad A. S. Soliman, eKarima A. Mahmoud, "New Look to the O mundo da energia negra e dos materiais".** Livro publicado Lambert Publicação académica, Omni-Scriptum, GmbH e Co. KG, junho de 2024. **ISBN: 978-620-7-64872-6.**

[42]. **Fouad A. S. Soliman, andKarima A. Mahmoud, "Artificial Intelligence e o Futuro da Humanidade**". Livro publicado Lambert Academic Publicação, Omni-Scriptum, GmbH e Co. KG, junho de 2024. **ISBN: 978-620-7-65198-6.**

[43]. **Fouad A. S. Soliman, eKarima A. Mahmoud, "Technological Roadmapas para o objetivo de emissões líquidas zero até 2030 e 2050**". Livro publicado Lambert Academic Publishing, Omni - Scriptum, GmbH and Co. KG, junho 2024. **ISBN: 978-620-7-809264.**

[44]. **Fouad A. S. Soliman, Hamed I. E. Mira e Karima A. Mahmoud, "Perovskite para o futuro brilhante das células solares".** Livro publicado Lambert Academic Publishing, Omni - Scriptum, GmbH and Co. KG, julho 2024. **ISBN: 978-620-7-995462.**

[45]. **Fouad A. S. Soliman e Karima A. Mahmoud, "Role of Neural Redes sobre o futuro brilhante das ciências da computação".** Publicado

Livro Lambert Academic Publishing, Omni - Scriptum, GmbH and Co. KG, agosto de 2024.
ISBN: 978-620-8-01103-1.

[46]. **Fouad A. S. Soliman e Karima A. Mahmoud, "World of Hybridização".** Livro publicado Lambert Academic Publishing, Omni - Scriptum,
GmbH e Co. KG, outubro de 2024.
ISBN: 978-620-817902.

[47]. **Fouad A. S. Soliman e Karima A. Mahmoud, "Tecnologias laser e futuras aplicações".** Livro publicado Lambert Academic Publishing, Omni -Scriptum, GmbH and Co. KG, outubro de 2024.
ISBN: 978-620-8-22485-1.

Islam G. El-hendawy

Doutoramento em Química dos Materiais

Publicações:
Departamento de Química

Aptidões e conhecimentos especializados: Materiais, materiais nanoestruturados, materiais avançados, materiais porosos, caraterização de materiais, extração, sensores, adsorção e tratamento de água.

Publicações:

- Purificação por ação solar: Remoção de contaminantes farmacêuticos da água utilizando o fotocatalisador NASICON dopado com carbono.
- Atividade fotocatalítica melhorada do compósito TiO2/Bi2O3 tridopado (In-Sr-P) carregado em carbono mesoporoso: Uma abordagem de síntese sol-hidrotermal fácil.
- Dióxido de zircónio (ZrO2) dopado com tungstato de zircónio (Zr4W8O32) para proteção contra raios gama: análise aprofundada do fabrico, caraterização e propriedades de atenuação dos raios gama
- O potencial do bi 2-xZr x O 3+x/2 @ZrO 2 (BZO) como material pesado de proteção contra a radiação: Fabrico e caraterização utilizando uma técnica hidrotérmica diretamente a partir do mineral zircão.
- Captura de urânio de uma solução aquosa utilizando carvão ativado à base de resíduos de palma: cinética de sorção e equilíbrio.
- Materiais avançados de proteção contra a radiação: Cerâmicas de zircónia dopadas com PbO 2 sintetizadas através do inovador método sol-gel.

- Utilização de um método hidrotérmico de um passo para o fabrico e avaliação das caraterísticas de proteção contra a radiação em zircónia dopada com Pb (ZrO3): síntese e caraterização.
- Um nanocompósito mesoporoso de TiO 2 dopado com Mo e N Co com maior eficiência fotocatalítica.
- Melhoria do desempenho fotocatalítico dos catalisadores à base de Co-TiO 2 e Mo-TiO 2 através da engenharia de defeitos e dopagem: Um estudo sobre a degradação de poluentes orgânicos sob luz UV.
- Análise exaustiva dos efeitos do Mo e do Co na síntese, na estrutura e nas propriedades de proteção contra a radiação de compósitos à base de TiO 2
- Metodologia de síntese para o controlo do tamanho e da forma de materiais bidimensionais
- Óxido de zircónio dopado com La/Nd: Impacto da transição de fase da zircónia nas propriedades de proteção contra raios gama
- Captura de urânio de uma solução aquosa utilizando carvão ativado à base de resíduos de palma: cinética de sorção e equilíbrio
- Uma investigação em várias fases para compreender a função do lantânio e do neodímio na síntese, estrutura e capacidade de proteção contra raios gama das cerâmicas de zircónia
- Melhoria do desempenho fotocatalítico dos cata-líticos à base de Co-TiO2 e Mo-TiO2 através da engenharia de defeitos e dopagem: Um estudo sobre a degradação de poluentes orgânicos sob luz UV
- RSC Advances d3ra04034h 1 Efeito da dopagem com bismuto na estrutura cristalina e na atividade fotocatalítica do óxido de titânio
- Otimização da proteção contra radiações gama com nano-mate-riais híbridos de cobalto-titânia
- Impacto da temperatura de calcinação nas propriedades estruturais e de proteção contra a radiação do composto NASICON sintetizado a partir de minerais de zircão
- Síntese de pós de vidro para aplicações de proteção contra radiações com base no licor de lixiviação de minerais de zirco-nio
- Compósito de caulinite/tioureia-formaldeído para uma sorção eficaz de U(VI) do ácido fosfórico comercial
- Um novo sensor dependente do pH para o reconhecimento de iões de estrôncio na água: Uma arquitetura mesoporosa hierarquicamente estruturada
- Nanofolhas de Titânia-Carvão dopadas com cobalto com vacâncias de oxigénio induzidas para a degradação fotocatalítica de resíduos radioactivos complexos

- Melhoria do desempenho fotocatalítico de nanofolhas de titânia dopadas com cobalto através da indução de vagas de oxigénio para a degradação eficiente de poluentes orgânicos
- Fabrico de monólitos de sílica mesoporosa semelhantes a vermes como um sorvente eficiente para iões de tório a partir de meios de nitrato
- Nanofolhas de Titânia-Carvão dopadas com cobalto com vacâncias de oxigénio induzidas para a degradação fotocatalítica de resíduos radioactivos complexos
- Melhoria do desempenho fotocatalítico das nanofolhas de titânia dopadas com cobalto através da indução de vacâncias de oxigénio para uma degradação eficiente de poluentes orgânicos
- Fabrico de um permutador de catiões mesoporoso NaZrP para a separação de iões U(VI) de licores de lixiviação de uranilo

Livros:

[1]. Fouad A. S. Soliman, Hamed I. E. Mira e Islam G. El-hendawy, "Regenerações de células fotovoltaicas e seus desenvolvimentos Investigação",
Livro publicado Lambert Academic Publishing, Omni - Scriptum, GmbH
e Co. KG, setembro de 2024.
ISBN: 978-620-8-11919-5.

Agradecimentos

Estamos ajoelhados em obediência **a ALÁ, agradecendo-Lhe** por me ter mostrado o caminho certo. Sem a ajuda de **Deus,** os nossos esforços ter-se-iam perdido. Foi com a graça de **Deus** que conseguimos alcançar este grande feito. Agradecemos também a uma pessoa que amamos muito, o **Profeta Maomé (que Deus o louve e lhe dê paz).**

Gostaríamos também de expressar a nossa mais profunda gratidão a:

- **Nuclear Materials Authority, Cairo, Egito.**
  Funcionário dos diferentes sectores.

- Colégio Feminino de Artes, Ciências e Educação, Ain-shams Universidade, Cairo, Egito

Membros do pessoal do Departamento de Física e do Laboratório de Investigação em Eletrónica.

- Centro Nacional de Investigação e Tecnologia das Radiações, Cairo, Egito

Membros do pessoal do Departamento de Física das Radiações.

- Membros do pessoal do Centro Egípcio de Estudos Económicos, Investigação Científica e Ambiental e Desenvolvimento.

Resumo

A Inteligência Artificial (IA), no seu sentido mais lato, é a inteligência exibida pelas máquinas, em particular pelos sistemas informáticos. É um campo de investigação em ciências informáticas que desenvolve e estuda métodos e software que permitem às máquinas perceber o seu ambiente e utilizar a aprendizagem e a inteligência para tomar medidas que maximizem as suas hipóteses de atingir objectivos definidos. Essas máquinas podem ser designadas por IAs. Neste contexto, algumas aplicações de alto nível da IA incluem motores de pesquisa avançados na Web (por exemplo, a Pesquisa Google), sistemas de recomendação utilizados no You-tube, Amazon e Netflix; interação através da fala humana (por exemplo, Google Assistant, Siri e Alexa), veículos autónomos (por exemplo, Waymo), ferramentas generativas e criativas (por exemplo, ChatGPT e arte com IA) e jogos e análises sobre-humanos em jogos de estratégia (por exemplo, xadrez e Go). No entanto, muitas aplicações de IA não são entendidas como IA: "Muita IA de ponta foi filtrada para aplicações gerais, muitas vezes sem ser designada por IA, porque quando algo se torna suficientemente útil e comum, deixa de ser designado por IA".

Os vários subcampos da investigação em IA centram-se em objectivos específicos e na utilização de ferramentas específicas. Os objectivos tradicionais da investigação em IA incluem o raciocínio, a representação do conhecimento, o planeamento, a aprendizagem, o processamento da linguagem natural, a perceção e o apoio à robótica. A inteligência geral - a capacidade de realizar qualquer tarefa executável por um ser humano a um nível pelo menos igual - é um dos objectivos a longo prazo deste domínio. Para atingir estes objectivos, os investigadores de IA adaptaram e integraram uma vasta gama de técnicas, incluindo a pesquisa e a otimização matemática, a lógica formal, as redes neuronais artificiais e os métodos baseados na estatística, na investigação operacional e na economia. A IA baseia-se na psicologia, na linguística, na filosofia, na neurociência e noutros domínios.

A inteligência artificial foi fundada como disciplina académica em 1956 e o campo passou por vários ciclos de otimismo, seguidos de períodos de desilusão e perda de financiamento, conhecidos como inverno da IA. O financiamento e o interesse aumentaram consideravelmente após 2012, quando a aprendizagem profunda superou as técnicas de IA anteriores. Este crescimento acelerou ainda mais depois de 2017 com a arquitetura de transformação e, no início da década de 2020, centenas de milhares de milhões de dólares estavam a ser investidos em IA (conhecido como o "boom da IA"). A utilização generalizada da IA no século XXI expôs várias consequências e danos imprevistos no presente e suscitou preocupações quanto aos seus riscos e efeitos a longo prazo no futuro, suscitando debates sobre políticas regulamentares para garantir a segurança e os benefícios da tecnologia.

Palavras-chave

Inteligência Artificial (IA), sentido mais lato, inteligência, exibida, máquinas, particularmente, computador, sistemas, campo, pesquisa, ciência da computação, desenvolve, frequentemente, estudos, métodos, soft-ware, que, permitem, máquinas, perceber, seu, ambiente,
usar, aprender, e, inteligência, tomar, ações, maximizar, chances, alcançar, agora, definido, objetivos, tais, máquinas, pode ser, chamado, preocupação, alguns, alto, perfil, apli-cations, incluem, avançado, web, busca, motores, busca, recomendação, sys-tems, usado, You-tube, Amazon, Netflix, interagindo, via, humano, discurso, Google Assistant, SiriAlexa, autônomo, veículos, Waymo, generativo, ferramentas criativas, Chat-GPT, arte AI, jogo sobre-humano, análise, jogos de estratégia, xadrez e Go, no entanto, muitas, aplicações de IA, percebidas, muita vanguarda, tem, filtrado, em, geral, aplicações, muitas vezes, sem, ser, chamado, porque, uma vez, algo, sim, vem, torna-se, útil, suficiente, comum, vários, subcampos, pesquisa de IA, cen-tered, lei, em torno, particular, objetivos, ferramentas particulares, objetivos tradicionais, pesquisa, muito tempo, incluem, raciocínio, conhecimento, representação, planejamento, aprendizagem, voar,
linguagem natural, processamento, perceção, apoio, inteligência geral, capacidade, completar, qualquer, tarefa, executável, humana, pelo menos, igual, nível, entre, os, objectivos de longo prazo do campo, alcançar, estes, objectivos, investigadores de IA, têm, adaptado, integrado, vasta, gama, de, técnicas, incluindo, pesquisa, otimização matemática, lógica formal, pode,
redes neurais artificiais, métodos, baseados em estatística, investigação operacional, economia, também, se, baseia, em, psicologia, linguística, filosofia, neurociência, outros, campos, Fundada, como uma, disciplina académica, campo, passou, através, de, múltiplos, ciclos, otimismo, seguido, períodos, deceção, perda, financiamento, conhecido, em relação, inverno, financiamento, interesse, vastamente, aumentou, depois, quando, aprendizagem profunda, autores, podem,
superou, anteriores, técnicas de IA, crescimento, acelerou, ainda, mais, depois, trans-formador, arquitetura, cedo, centenas, biliões, dólares, foram, sendo, investidos, boom de IA, uso generalizado, século, exposto, várias, consequências, não intencionais, danos, presente, levantou, preocupações, sobre, seus, riscos, efeitos, a longo prazo, no futuro, suscitando, discussões, sobre, políticas, regulamentares, para, garantir, a, segurança, e benefícios, e tecnologia, energia solar, luz radiante, calor, sol, aproveitada, utilizando, gama, tecno-logias, como, energia, solar, gerar, eletricidade, energia solar térmica, incluindo,
aquecimento solar de água, arquitetura solar, fonte essencial, energia renovável, tecnologias, amplamente, caracterizadas, quer, solar passiva, solar ativa, dependendo, elas, captam, distribuem energia solar, convertem, em, energia solar, técnicas solares activas, incluem, e sistemas fotovoltaicos.

Índice

Capítulo (1)
Energia solar

1.1. Prefácio

A energia solar é a luz radiante e o calor do Sol que são aproveitados através de uma série de tecnologias, como a energia solar para gerar eletricidade, a energia solar térmica (incluindo o aquecimento solar da água) e a arquitetura solar [1-3]. É uma fonte essencial de energia renovável, e as suas tecnologias são amplamente caracterizadas como solar passiva ou solar ativa, dependendo da forma como captam e distribuem a energia solar ou a convertem em energia solar. As técnicas solares activas incluem a utilização de sistemas fotovoltaicos, a energia solar concentrada e o aquecimento solar da água para aproveitar a energia. As técnicas solares passivas incluem a orientação de um edifício para o Sol, a seleção de materiais com massa térmica favorável ou propriedades de dispersão da luz e a conceção de espaços que façam circular o ar naturalmente.

O Sol produz radiação electromagnética que pode ser aproveitada como energia útil.

Em 2011, a Agência Internacional da Energia afirmou que "o desenvolvimento de tecnologias de energia solar acessíveis, inesgotáveis e limpas terá enormes benefícios a longo prazo. Aumentará a segurança energética dos países através da dependência de um recurso autóctone, inesgotável e, na sua maioria, independente das importações, aumentará a sustentabilidade, reduzirá a poluição e diminuirá os custos da atenuação do aquecimento global ..... Estas vantagens são globais" [4].

1.2. Potencial

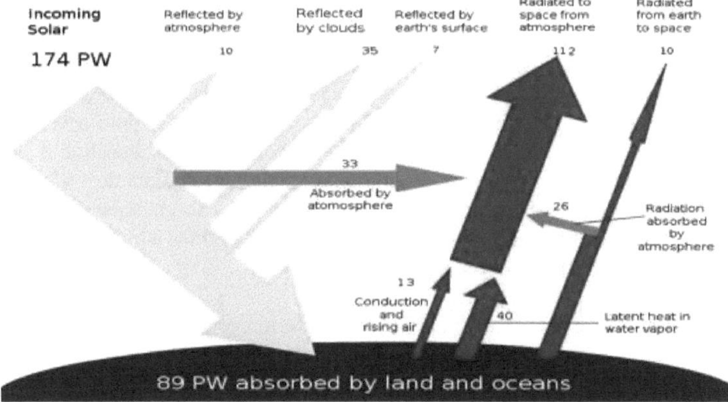

Cerca de metade da energia solar recebida atinge a superfície da Terra.

Insolação média. A área teórica dos pequenos pontos pretos é suficiente para suprir as necessidades energéticas mundiais de 18 TW com energia solar.

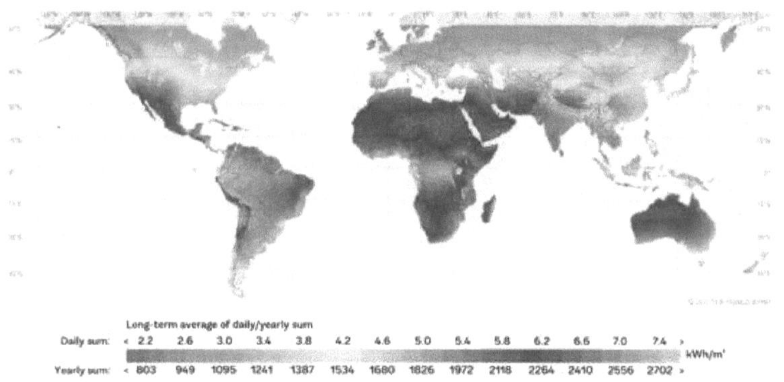

Mapa global da irradiação horizontal [5].

A Terra recebe 174 peta-watts (PW) de radiação solar de entrada (insolação) na atmosfera superior [6]. Aproximadamente 30% é reflectida para o espaço, enquanto o restante, 122 PW, é absorvido pelas nuvens, oceanos e massas terrestres. O espetro da luz solar à superfície da Terra está maioritariamente distribuído pelas gamas do visível e do infravermelho próximo, com uma pequena parte no ultravioleta próximo[7]. A maior parte da população mundial vive em zonas com níveis de insolação de 150-300 watts/m2, ou 3,5-7,0 kWh/m2 por dia [8].

A radiação solar é absorvida pela superfície terrestre, pelos oceanos - que cobrem cerca de 71% do globo - e pela atmosfera. O ar quente que contém a água evaporada dos oceanos sobe, provocando a circulação atmosférica ou convecção. Quando o ar atinge uma altitude elevada, onde a temperatura é baixa, o vapor de água condensa-se em nuvens, que chovem sobre a superfície da Terra, completando o ciclo da água. O calor latente da condensação da água amplifica a convecção, produzindo fenómenos atmosféricos como o vento, os ciclones e os anticiclones [9]. A luz solar absorvida pelos oceanos e pelas massas terrestres mantém a superfície a uma temperatura média de 14 °C [10]. Através da fotossíntese, as plantas verdes convertem a energia solar em energia quimicamente armazenada, que produz alimentos, madeira e a biomassa da qual derivam os combustíveis fósseis [11].

A energia solar total absorvida pela atmosfera, oceanos e massas terrestres da Terra é de aproximadamente 122 PW-ano = 3 850 000 exajoules (EJ) por ano [12]. Em 2002 (2019), isto foi mais energia numa hora (uma hora e 25 minutos) do que o mundo usou num ano [13, 14]. A fotossíntese captura aproximadamente 3.000 EJ por ano na biomassa [15].

Fluxos solares anuais e consumo humano1		
Solar	3,850,000	[12]
Vento	2,250	[16]
Potencial de biomassa	~200	[17]
Utilização de energia primária2	633	[18]
Electricidade2	~86	[19]
1 Energia dada em Exajoule (EJ) = 1018 J = 278 TWh 2 Consumo a partir do ano 2019		

A energia solar potencial que poderia ser utilizada pelos seres humanos difere da quantidade de energia solar presente perto da superfície do planeta porque factores como a geografia, a variação do tempo, a cobertura de nuvens e a terra disponível para os seres humanos limitam a quantidade de energia solar que podemos adquirir. Em 2021, a Carbon Tracker Initia-tive estimou que a área de terra necessária para gerar toda a nossa energia apenas a partir da energia solar era de 450 000 km2 - ou aproximadamente o mesmo que a área da Suécia, ou a área de Marrocos, ou a área da Califórnia (0,3% da área total da Terra) [20].

As tecnologias solares são classificadas como passivas ou activas, dependendo da forma como captam, convertem e distribuem a luz solar e permitem que a energia solar seja aproveitada a diferentes níveis em todo o mundo, principalmente em função da distância ao Equador. Embora a energia solar se refira principalmente à utilização da radiação solar para fins práticos, todos os tipos de energia renovável, com exceção da energia geotérmica e da energia das marés, derivam direta ou indiretamente do Sol.

As técnicas solares activas utilizam energia fotovoltaica, energia solar concentrada, colectores solares térmicos, bombas e ventiladores para converter a luz solar em energia útil. As técnicas solares passivas incluem a seleção de materiais com propriedades térmicas favoráveis, a conceção de espaços que permitam a circulação natural do ar e a referência[clarificação necessária] da posição de um edifício em relação ao Sol. As tecnologias solares activas aumentam a oferta de energia e são consideradas tecnologias do lado da oferta, enquanto as tecnologias solares passivas reduzem a necessidade de recursos alternativos e são geralmente consideradas tecnologias do lado da procura [21].

Em 2000, o Programa de Desenvolvimento das Nações Unidas, o Departamento de Assuntos Económicos e Sociais das Nações Unidas e o Conselho Mundial de Energia publicaram uma estimativa do potencial de energia solar que poderia ser utilizado pelos seres humanos em cada ano. Esta estimativa teve em conta factores como a insolação, a cobertura de nuvens e a terra utilizável pelos seres humanos. Afirmou-se que a energia solar tem um potencial global de 1.600 a 49.800 exajoules (4,4×1014 a 1,4×1016 kWh) por ano [22].

Potencial anual de energia solar por região (Exajoules) [22]								
Região	América do Norte	Europa Ocidental	Europa Central e Oriental	Antiga União Soviética	Médio Oriente e Norte de África	Ásia Pacífico	Ásia do Sul	Ásia de planeamento central
Mínimo	181.1	25.1	4.5	199.3	412.4	41.0	38.8	115.5
Máximo	7,410	914	154	8,655	11,060	994	1,339	4,135

Notas:
O potencial anual total de energia solar a nível mundial é de 1 575 EJ (mínimo) a 49 837 EJ (máximo)
Os dados reflectem pressupostos de irradiância anual do céu claro, distância média anual do céu e área de terreno disponível. Todos os valores são apresentados em Exajoules.
Relação quantitativa do potencial solar global com o consumo mundial de energia primária:
Rácio entre o consumo potencial e o consumo atual (402 EJ) a partir do ano: 3,9 (mínimo) a 124 (máximo)

1.3. Energia térmica

As tecnologias solares térmicas podem ser utilizadas para aquecimento de água, aquecimento de espaços, arrefecimento de espaços e produção de calor de processo [23-26].

1.3.1. Aquecimento de água

Os sistemas solares de água quente utilizam a luz solar para aquecer a água. Em latitudes geográficas médias (entre 40 graus norte e 40 graus sul), 60 a 70% da utilização de água quente doméstica, com temperaturas da água até 60 °C (140 °F), pode ser fornecida por sistemas de aquecimento solar [27]. Os tipos mais comuns de aquecedores solares de água são os colectores de tubos evacuados (44%) e os colectores de placas planas envidraçadas (34%), geralmente utilizados para água quente sanitária; e os colectores de plástico não envidraçado (21%), utilizados principalmente para aquecer piscinas [28].

Aquecedores solares de água virados para o sol para maximizar os ganhos

Em 2015, a capacidade total instalada de sistemas solares de água quente era de aproximadamente 436 gigawatts térmicos (GWth), e a China é o líder mundial na sua implantação com 309 GWth instalados, ocupando 71% do mercado [29]. Israel e Chipre são os líderes per capita na utilização de sistemas solares de água quente, com mais de 90% das casas a utilizá-los [30]. Nos Estados Unidos, Canadá e Austrália, o aquecimento de piscinas é a aplicação dominante da água quente solar, com uma capacidade instalada de 18 GWth em 2005 [21].

1.3.2. Aquecimento, arrefecimento e ventilação

Nos Estados Unidos, os sistemas de aquecimento, ventilação e ar condicionado (AVAC) são responsáveis por 30% (4,65 EJ/ano) da energia utilizada em edifícios comerciais e quase 50% (10,1 EJ/ano) da energia utilizada em edifícios residenciais [31, 32]. As tecnologias de aquecimento, arrefecimento e ventilação solares podem ser utilizadas para compensar uma parte desta energia. A utilização da energia solar para aquecimento pode ser dividida, grosso modo, em conceitos solares passivos e conceitos solares activos, dependendo da utilização de elementos activos como o sun trac-king e a ótica dos concentradores solares.

A Solar House #1 do MIT, construída em 1939 nos EUA, utilizava o armazenamento sazonal de energia térmica para aquecimento durante todo o ano.

A massa térmica é qualquer material que possa ser utilizado para armazenar calor - calor do Sol, no caso da energia solar. Os materiais comuns de massa térmica incluem pedra, cimento e água. Historicamente, têm sido utilizados em climas áridos ou regiões temperadas quentes para manter os edifícios frescos, absorvendo a energia solar durante o dia e irradiando o calor armazenado para a atmosfera mais fria durante a noite. No entanto, também podem ser utilizadas em zonas temperadas frias para manter o calor. O tamanho e a colocação da massa térmica dependem de vários factores, como o clima, a iluminação diurna e as condições de sombreamento. Quando devidamente incorporada, a massa térmica mantém as temperaturas do espaço num intervalo confortável e reduz a necessidade de equipamento auxiliar de aquecimento e arrefecimento [33].

Uma chaminé solar (ou chaminé térmica, neste contexto) é um sistema passivo de ventilação solar composto por um poço vertical que liga o interior e o exterior de um edifício. À medida que a chaminé aquece, o ar no interior é aquecido, provocando uma corrente ascendente que puxa o ar através do edifício. O desempenho pode ser melhorado através da utilização de vidros e materiais de massa térmica [34] de forma a imitar as estufas.

As árvores e plantas de folha caduca têm sido promovidas como um meio de controlo do aquecimento e arrefecimento solar. Quando plantadas no lado sul de um edifício no hemisfério norte ou no lado norte no hemisfério sul, as suas folhas proporcionam sombra durante o verão, enquanto os ramos nus permitem a passagem da luz durante o inverno [35]. Uma vez que as árvores nuas e sem folhas sombreiam 1/3 a 1/2 da radiação solar incidente, existe um equilíbrio entre os benefícios do sombreamento no verão e a correspondente perda de aquecimento no inverno [36]. Em climas com cargas de aquecimento significativas, as árvores de folha caduca não devem ser plantadas no lado de um edifício virado para o Equador, porque irão interferir com a disponibilidade solar no inverno. Podem, no entanto, ser utilizadas nos lados Este e Oeste para proporcionar um certo grau de sombreamento no verão sem afetar apreciavelmente os ganhos solares no inverno [37].

1.3.3. Cozinhar

Os fogões solares utilizam a luz solar para cozinhar, secar e pasteurizar. Podem ser agrupados em três grandes categorias: fogões de caixa, fogões de painel e fogões reflectores [38]. O fogão solar mais simples é o fogão de caixa, construído por Horace de Saussure em 1767 [39]. Um fogão de caixa básico consiste num recipiente isolado com uma tampa transparente. Pode ser utilizada eficazmente com céu parcialmente nublado e atinge normalmente temperaturas de 90-150 °C (194-302 °F) [40]. As panelas de painel utilizam um painel refletor para dirigir a luz solar para um recipiente isolado e atingem temperaturas comparáveis às das panelas de caixa. As panelas com refletor utilizam várias geometrias de concentração (prato, calha, espelhos de Fresnel) para focar a luz num recipiente de cozedura. Estas panelas atingem temperaturas de 315 °C (599 °F) e superiores, mas necessitam de luz direta para funcionarem corretamente e têm de ser reposicionadas para acompanhar o Sol [41].

Prato parabólico que produz vapor para cozinhar, em Auroville, Índia.

1.3.4. Calor de processo

As tecnologias de concentração solar, como as parabólicas, as calhas e os reflectores Scheffler, podem fornecer calor de processo para aplicações comerciais e industriais. O primeiro sistema comercial foi o Solar Total Energy Project (STEP) Shenandoah, Geórgia, EUA, onde um campo de 114 antenas parabólicas forneceu 50% das necessidades de aquecimento, ar condicionado e eletricidade de uma fábrica de vestuário. Este sistema de cogeração ligado à rede forneceu 400 kW de eletricidade mais energia térmica sob a forma de 401 kW de vapor e 468 kW de água refrigerada e tinha um armazenamento térmico de carga de pico de uma hora [42]. Os tanques de evaporação são piscinas pouco profundas que concen-tram os sólidos dissolvidos através da evaporação. A utilização de tanques de evaporação para obter sal a partir da água do mar é uma das mais antigas aplicações da energia solar. As utilizações modernas incluem a concentração de soluções de salmoura utilizadas na extração de lixiviados e a remoção de sólidos dissolvidos de fluxos de resíduos [43].

Os estendais, os cavalos de roupa e os estendais secam a roupa através da evaporação pelo vento e pela luz solar, sem consumir eletricidade ou gás. Em alguns estados dos Estados Unidos, a legislação protege o "direito de secar" a roupa [44]. Os colectores transpirantes não vidrados (UTC) são paredes perfuradas viradas para o sol, utilizadas para pré-aquecer o ar de ventilação. Os UTC podem elevar a temperatura do ar de entrada até 22 °C (40 °F) e proporcionar temperaturas de saída de 45-60 °C (113-140 °F) [45]. O curto período de retorno dos colectores transpirados (3 a 12 anos) torna-os uma alternativa mais rentável do que os sistemas de recolha envidraçados [45]. Em 2003, mais de 80 sistemas com uma área combinada de colectores de 35 000 metros quadrados (380 000 pés quadrados) tinham sido instalados em todo o mundo, incluindo um coletor de 860 m2 (9 300 pés quadrados) na Costa Rica utilizado para secar grãos de café e um coletor de 1 300 m2 (14 000 pés quadrados) em Coimbatore, Índia, utilizado para secar malmequeres [46].

1.3.5. Tratamento da água

A destilação solar pode ser utilizada para tornar potável a água salgada ou salobra. O primeiro registo desta prática foi feito por alquimistas árabes do século XVI [47]. Um projeto de destilação solar em grande escala foi construído pela primeira vez em 1872, na cidade mineira chilena de Las Salinas [48]. A central, que tinha uma área de recolha solar de 4 700 m^2 (51 000 pés quadrados), pode produzir até 22.700 L (5.000 imp gal; 6.000 US gal) por dia e funcionar durante 40 anos [48]. As concepções individuais dos alambiques incluem alambiques de inclinação simples, de inclinação dupla (ou tipo estufa), verticais, cónicos, de absorvente invertido, de múltiplos pavios e de múltiplos efeitos. Estes alambiques podem funcionar em modo passivo, ativo ou híbrido. Os alambiques de dupla inclinação são os mais económicos para fins domésticos descentralizados, enquanto as unidades activas de efeito múltiplo são mais adequadas para aplicações em grande escala [47].

Desinfeção solar da água na Indonésia

A desinfeção solar da água (SODIS) envolve a exposição de garrafas plásticas de politereftalato de etileno (PET) cheias de água à luz solar por várias horas [49]. Os tempos de exposição variam dependendo do tempo e do clima, de um mínimo de seis horas a dois dias em condições de céu totalmente nublado [50]. É recomendado pela Organização Mundial de Saúde como um método viável para o tratamento doméstico da água e o seu armazenamento seguro [51]. Mais de dois milhões de pessoas nos países em desenvolvimento utilizam este método para a sua água potável diária [50].

A energia solar pode ser usada num tanque de estabilização de água para tratar a água sem produtos químicos ou eletricidade. Uma outra vantagem ambiental é o facto de as algas crescerem nesses tanques e consumirem dióxido de carbono na fotossíntese, embora as algas possam produzir produtos químicos tóxicos que tornam a água inutilizável [52, 53].

1.3.6. Tecnologia de sal fundido

O sal fundido pode ser utilizado como um método de armazenamento de energia térmica para reter a energia térmica recolhida por uma torre solar ou por um coletor solar de uma central de energia solar concentrada, de modo a poder ser utilizada para gerar eletricidade com mau tempo ou durante a noite. Foi demonstrado no projeto Solar Two de 1995 a 1999. Prevê-se que o sistema tenha uma eficiência anual de 99%, uma referência à energia retida pelo armazenamento de calor antes de o transformar em eletricidade, em comparação com a conversão direta de calor em eletricidade [54-56]. As misturas de sais fundidos variam. A mistura mais comum contém nitrato de sódio, nitrato de potássio e nitrato de cálcio. É não inflamável e não tóxica e já foi utilizada nas indústrias química e metalúrgica como fluido de transporte de calor. Por conseguinte, existe experiência com estes sistemas em aplicações não solares.

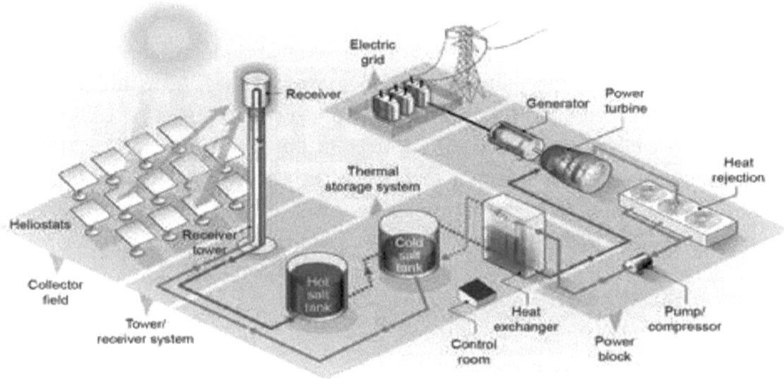

O sal funde-se a 131 °C (268 °F). É mantido líquido a 288 °C (550 °F) num tanque de armazenamento "frio" isolado. O sal líquido é bombeado através de painéis num coletor solar onde a irradiação concentrada o aquece a 566 °C (1.051 °F). Em seguida, é enviado para um tanque de armazenamento quente. Este é tão bem isolado que a energia térmica pode ser armazenada de forma útil até uma semana [57].

Quando a eletricidade é necessária, o sal quente é bombeado para um gerador de vapor convencional para produzir vapor sobreaquecido para uma turbina/gerador, tal como utilizado em qualquer central eléctrica convencional a carvão, petróleo ou nuclear. Uma turbina de 100 megawatts necessitaria de um tanque com cerca de 9,1 metros (30 pés) de altura e 24 metros (79 pés) de diâmetro para a acionar durante quatro horas, segundo esta conceção.

Várias centrais eléctricas de calha parabólica em Espanha e torres de energia solar desenvolvidas pela SolarReserve utilizam este conceito de armazenamento de energia térmica. A central eléctrica de Solana, nos Estados Unidos, tem seis horas de armazenamento em sal fundido. No Chile, a central eléctrica de Cerro Dominador tem uma torre solar-térmica de 110 MW, o calor é transferido para sais fundidos [59]. Os sais fundidos transferem depois o seu calor para a água através de um permutador de calor, gerando vapor sobreaquecido, que alimenta uma turbina que transforma a energia cinética do vapor em energia eléctrica utilizando o ciclo de Rankine[60]. Desta forma, a central de Cerro Dominador é capaz de produzir cerca de 110 MW de energia eléctrica [61]. A central possui um sistema avançado de armazenamento que lhe permite gerar eletricidade até 17,5 horas sem radiação solar direta, o que lhe permite fornecer um abastecimento estável de eletricidade sem interrupções, se necessário. O projeto assegurou a venda de até 950 GW-h por ano. Outro projeto é a central de María Elena [62], um complexo termo-solar de 400 MW na região de Antofagasta, no norte do Chile, que utiliza a tecnologia do sal fundido.

1.3.7. Produção de eletricidade

A energia solar, também conhecida como eletricidade solar, é a conversão da energia da luz solar em eletricidade, quer diretamente, utilizando a energia fotovoltaica (PV), quer indiretamente, utilizando a energia solar concentrada. Os painéis solares utilizam o efeito fotovoltaico para converter a luz numa corrente eléctrica [63]. Os sistemas de energia solar concentrada utilizam lentes ou espelhos e sistemas de seguimento solar para concentrar uma grande área de luz solar num ponto quente, frequentemente para acionar uma turbina a vapor.

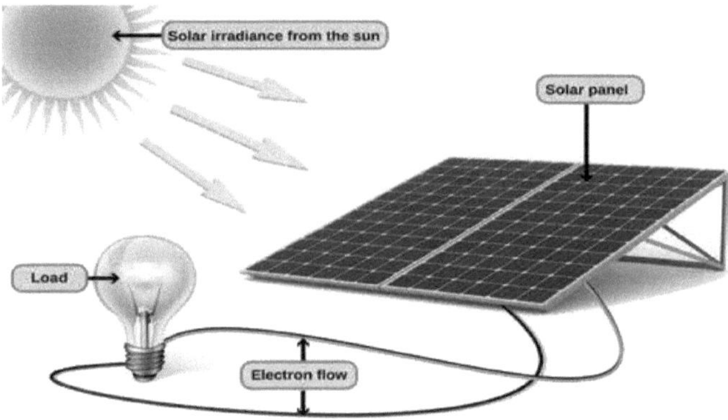

A energia fotovoltaica (FV) foi inicialmente utilizada apenas como fonte de eletricidade para aplicações de pequena e média dimensão, desde a calculadora alimentada por uma única célula solar até às casas remotas alimentadas por um sistema FV fora da rede. As centrais solares comerciais concentradas foram desenvolvidas pela primeira vez na década de 1980. Desde então, com a descida do custo dos painéis solares, a capacidade e a produção dos sistemas solares fotovoltaicos ligados à rede duplicaram de três em três anos. Três quartos da nova capacidade de produção são solares [64], continuando a ser construídos milhões de instalações em telhados e centrais fotovoltaicas à escala de gigawatts.

Em 2023, a energia solar gerou 5,5% (1 631 TWh) da eletricidade global e mais de 1% da energia primária, acrescentando duas vezes mais eletricidade nova do que o carvão [65, 66]. Juntamente com a energia eólica terrestre, a energia solar à escala dos serviços públicos é a fonte com o melhor custo nivelado de eletricidade para novas instalações na maioria dos países [67, 68]. Em 2023, 33 países geravam mais de um décimo da sua eletricidade a partir da energia solar, com a China a representar mais de metade do crescimento solar [69]. Quase metade da energia solar instalada em 2022 foi montada em telhados [70].

É necessária muito mais energia com baixo teor de carbono para a eletrificação e para limitar as alterações climáticas [64]. A Agência Internacional da Energia afirmou em 2022 que eram necessários mais esforços para a integração na rede e a atenuação dos desafios políticos, regulamentares e financeiros [71]. No entanto, a energia solar pode reduzir significativamente o custo da energia [66].

1.4. Energia solar concentrada

Os sistemas de concentração de energia solar (CSP) utilizam lentes ou espelhos e sistemas de rastreio para concentrar uma grande área de luz solar num pequeno feixe. O calor concentrado é então utilizado como fonte de calor para uma central eléctrica convencional. Existe uma vasta gama de tecnologias de concentração; as mais desenvolvidas são a calha parabólica, os colectores de torre solar, o refletor Fresnel linear concentrador e o prato Stirling. São utilizadas várias técnicas para seguir o Sol e concentrar a luz. Em todos estes sistemas, um fluido de trabalho é aquecido pela luz solar concentrada, sendo depois utilizado para a produção de eletricidade ou para o armazenamento de energia [72]. Os projectos devem ter em conta o risco de uma tempestade de poeira, granizo ou outro evento climático extremo que possa danificar as superfícies de vidro fino das centrais de energia solar. As grelhas metálicas permitiriam a entrada de uma elevada percentagem de luz solar nos espelhos e painéis solares, evitando simultaneamente a maior parte dos danos.

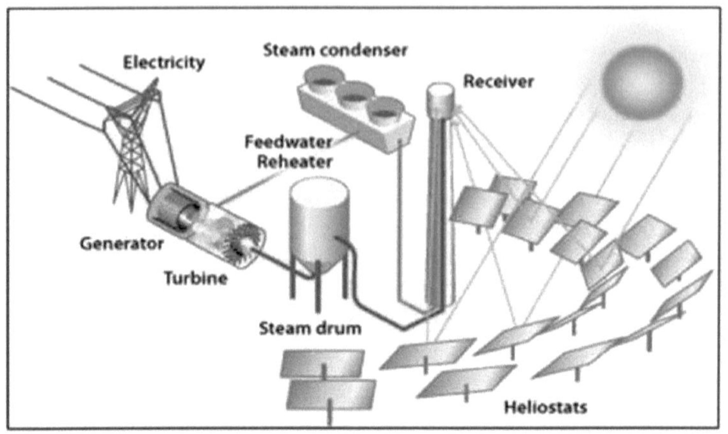

1.5. Arquitetura e Urbanismo

A Universidade de Tecnologia de Darmstadt, na Alemanha, ganhou o Solar Decath-lon 2007 em Washington, DC, com esta casa passiva concebida para um clima subtropical húmido e quente [73].

A luz solar tem influenciado a conceção de edifícios desde o início da história da arquitetura [74]. A arquitetura solar avançada e os métodos de planeamento urbano foram utilizados pela primeira vez pelos gregos e pelos chineses, que orientavam os seus edifícios para sul para fornecer luz e calor [75].

As caraterísticas comuns da arquitetura solar passiva são a orientação em relação ao Sol, a proporção compacta (uma baixa relação entre a área de superfície e o volume), o sombreamento seletivo (saliências) e a massa térmica [74]. Quando estas caraterísticas são adaptadas ao clima e ao ambiente locais, podem produzir espaços bem iluminados que se mantêm numa gama de temperaturas confortáveis. A casa Megaron de Sócrates é um exemplo clássico de conceção solar passiva [74]. As abordagens mais recentes à conceção solar utilizam a modelação computorizada que associa os sistemas de iluminação, aquecimento e ventilação solares num pacote de conceção solar integrado [76]. O equipamento solar ativo, como bombas, ventiladores e janelas comutáveis, pode complementar a conceção passiva e melhorar o desempenho do sistema.

As ilhas de calor urbano (UHI) são áreas metropolitanas com temperaturas mais elevadas do que as do ambiente circundante. As temperaturas mais elevadas resultam de uma maior absorção da energia solar pelos materiais urbanos, como o asfalto e o betão, que têm albedos mais baixos e capacidades térmicas mais elevadas do que os do ambiente natural. Um método simples para contrariar o efeito UHI consiste em pintar os edifícios e as estradas de branco e plantar árvores na zona. Utilizando estes métodos, um programa hipotético de "comunidades frescas" em Los Angeles projectou que as temperaturas urbanas poderiam ser reduzidas em cerca de 3 °C a um custo estimado de mil milhões de dólares, com benefícios anuais totais estimados em 530 milhões de dólares provenientes da redução dos custos do ar condicionado e da poupança nos cuidados de saúde [77].

1.6. Agricultura e Horticultura

A agricultura e a horticultura procuram otimizar a captação de energia solar para otimizar a produtividade das plantas. Técnicas como os ciclos de plantação cronometrados, a orientação das linhas à medida, o escalonamento das alturas entre linhas e a mistura de variedades de plantas podem melhorar o rendimento das culturas [78-80]. Embora a luz solar seja geralmente considerada um recurso abundante, as excepções realçam a importância da energia solar para a agricultura. Durante as curtas épocas de crescimento da Pequena Idade do Gelo, os agricultores franceses e ingleses utilizaram muros de suporte para maximizar a recolha de energia solar. Estas paredes actuavam como massas térmicas e aceleravam o amadurecimento, mantendo as plantas quentes. Os primeiros muros de fruta eram construídos perpendicularmente ao solo e virados para sul, mas com o tempo, foram desenvolvidos muros inclinados para aproveitar melhor a luz solar. Em 1699, Nicolas Fatio de Duillier chegou mesmo a sugerir a utilização de um mecanismo de controlo que podia girar para seguir o Sol [81]. As aplicações da energia solar na agricultura, para além do cultivo de culturas, incluem a bombagem de água, a secagem de culturas, a criação de pintos e a secagem de estrume de galinha[82]. Mais recentemente, a tecnologia foi adoptada pelos viticultores, que utilizam a energia gerada pelos painéis solares para alimentar as prensas de uvas [83].

Em estufas como estas, no município de Westland, nos Países Baixos, cultivam-se legumes, frutas e flores.

As estufas convertem a luz solar em calor, permitindo a produção durante todo o ano e o crescimento (em ambientes fechados) de culturas especializadas e outras plantas não naturalmente adaptadas ao clima local. As estufas primitivas foram utilizadas pela primeira vez na época romana para produzir pepinos durante todo o ano para o imperador romano Tibério [84]. As primeiras estufas modernas foram construídas na Europa no século XVI para manter plantas exóticas trazidas de explorações no estrangeiro [85]. Atualmente, as estufas continuam a ser uma parte importante da horticultura. Os materiais plásticos transparentes também têm sido utilizados com um efeito semelhante em politúneis e coberturas de fileiras.

1.7. Transporte

O desenvolvimento de um automóvel movido a energia solar tem sido um objetivo de engenharia desde a década de 1980. O World Solar Challenge é uma corrida bianual de carros movidos a energia solar, em que equipas de universidades e empresas competem ao longo de 3.021 quilómetros (1.877 milhas) através da Austrália central, de Darwin a Adelaide. Em 1987, quando foi fundada, a velocidade média do vencedor era de 67 quilómetros por hora (42 mph) e, em 2007, a velocidade média do vencedor tinha melhorado para 90,87 quilómetros por hora (56,46 mph) [86]. O North American Solar Challenge e o planeado South African Solar Challenge são competições comparáveis que reflectem um interesse internacional na engenharia e no desenvolvimento de veículos movidos a energia solar [87, 88].

Avião solar elétrico que circum-navegará o globo em 2015

Alguns veículos utilizam painéis solares para energia auxiliar, como o ar condicionado, para manter o interior fresco, reduzindo assim o consumo de combustível [89, 90].

Em 1975, foi construído em Inglaterra o primeiro barco solar prático [91]. Em 1995, começaram a aparecer barcos de passageiros com painéis fotovoltaicos, que são atualmente muito utilizados [92]. Em 1996, Kenichi Horie efectuou a primeira travessia do Oceano Pacífico com energia solar, e o catamarã Sun21 efectuou a primeira travessia do Oceano Atlântico com energia solar no inverno de 2006-2007 [93]. Havia planos para circum-navegar o globo em 2010 [94].

Em 1974, o avião não tripulado Astro-Flight Sunrise efectuou o primeiro voo solar. Em 29 de abril de 1979, o Solar Riser fez o primeiro voo numa máquina voadora movida a energia solar, totalmente controlada e transportada por um homem, atingindo uma altitude de 40 pés (12 m). Em 1980, o Gossamer Penguin efectuou os primeiros voos pilotados alimentados exclusivamente por energia fotovoltaica. Seguiu-se rapidamente o Solar Challenger, que atravessou o Canal da Mancha em julho de 1981. Em 1990, Eric Scott Raymond voou da Califórnia à Carolina do Norte, em 21 saltos, utilizando energia solar [95]. Os desenvolvimentos voltaram-se então para os veículos aéreos não tripulados (UAV) com o Pathfinder (1997) e projectos subsequentes, culminando no Helios que estabeleceu o recorde de altitude para uma aeronave sem propulsão por foguetão a 29.524 metros (96.864 pés) em 2001[96]. O Zephyr, desenvolvido pela BAE Systems, é o mais recente de uma série de aeronaves solares que quebraram recordes, tendo efectuado um voo de 54 horas em 2007, e foram previstos voos de um mês até 2010 [97]. De março de 2015 a julho de 2016, o Solar Impulse, um avião elétrico, circum-navegou o globo com sucesso. Trata-se de um avião de um só lugar alimentado por células solares e capaz de descolar com a sua própria energia. A sua conceção permite que o avião se mantenha no ar durante vários dias [98].

Um balão solar é um balão preto que é enchido com ar normal. Quando a luz solar incide sobre o balão, o ar no seu interior é aquecido e expande-se, provocando uma força de empuxo ascendente, à semelhança de um balão de ar quente aquecido artificialmente. Alguns balões solares são suficientemente grandes para voar em humanos, mas a sua utilização está geralmente limitada ao mercado dos brinquedos, uma vez que a relação entre a área de superfície e o peso da carga útil é relativamente elevada [99].

1.8. Esquadrão Veículo Solar

O Squad Solar é um veículo elétrico de bairro que tem um telhado solar e pode ser ligado a uma tomada normal de 120 volts para ser carregado [100].

Esquadrão Solar

1.9. Produção de combustível

Os painéis solares concentrados estão a receber um impulso de energia. O Laboratório Nacional do Noroeste do Pacífico (PNNL) vai testar um novo sistema de energia solar concentrada - um sistema que pode ajudar as centrais eléctricas a gás natural a reduzir o seu consumo de combustível até 20%.

Os processos químicos solares utilizam a energia solar para impulsionar reacções químicas. Estes processos compensam a energia que, de outro modo, seria proveniente de uma fonte de combustível fóssil e podem também converter a energia solar em combustíveis armazenáveis e transportáveis. As reacções químicas induzidas pelo sol podem ser divididas em termoquímicas ou fotoquímicas [101]. É possível produzir uma variedade de combustíveis através da fotossíntese artificial [102]. A química catalítica de múltiplos electrões envolvida na produção de combustíveis à base de carbono (como o metanol) a partir da redução do dióxido de carbono é um desafio; uma alternativa viável é a produção de hidrogénio a partir de protões, embora a utilização da água como fonte de electrões (como fazem as plantas) exija o domínio da oxidação de múltiplos electrões de duas moléculas de água em oxigénio molecular [103]. Há quem preveja, para 2050, centrais de combustível solar em funcionamento nas áreas metropolitanas costeiras - a separação da água do mar fornecendo hidrogénio para ser utilizado em centrais eléctricas de células de combustível adjacentes e o subproduto de água pura indo diretamente para o sistema de água municipal [104]. Além disso, o armazenamento de energia química é outra solução para o armazenamento de energia solar [105].

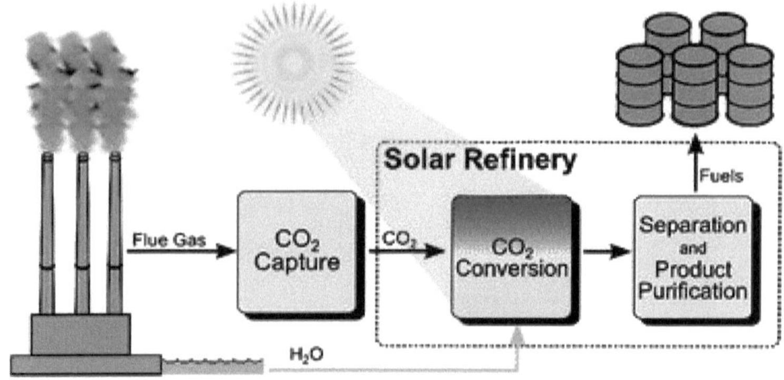

As tecnologias de produção de hidrogénio têm sido uma área significativa da investigação química solar desde a década de 1970. Para além da eletrólise conduzida por células fotovoltaicas ou fotoquímicas, foram também explorados vários processos termoquímicos. Uma dessas vias utiliza concentradores para dividir a água em oxigénio e hidrogénio a altas temperaturas (2 300-2 600 °C ou 4 200-4 700 °F) [106]. Outra abordagem utiliza o calor dos concentradores solares para impulsionar a reforma a vapor do gás natural, aumentando assim o rendimento global de hidrogénio em comparação com os métodos de reforma convencionais [107]. Os ciclos termoquímicos caracterizados pela decomposição e regeneração dos reagentes apresentam outra via para a produção de hidrogénio. O processo Solzinc, que está a ser desenvolvido no Instituto Weizmann de Ciências, utiliza um forno solar de 1 MW para decompor o óxido de zinco (ZnO) a temperaturas superiores a 1 200 °C (2 200 °F). Esta reação inicial produz zinco puro, que pode subsequentemente ser reagido com água para produzir hidrogénio [108].

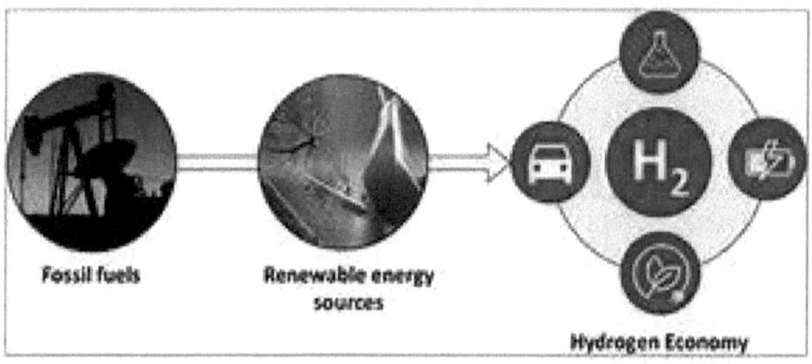

1.10. Métodos de armazenamento de energia

Os sistemas de massa térmica podem armazenar a energia solar sob a forma de calor a temperaturas úteis para uso doméstico durante períodos diários ou inter-sazonais. Os sistemas de armazenamento térmico utilizam geralmente materiais facilmente disponíveis com elevada capacidade térmica específica, como a água, a terra e a pedra. Os sistemas bem concebidos podem reduzir os picos de procura, deslocar o tempo de utilização para as horas de vazio e reduzir as necessidades globais de aquecimento e arrefecimento [109, 110].

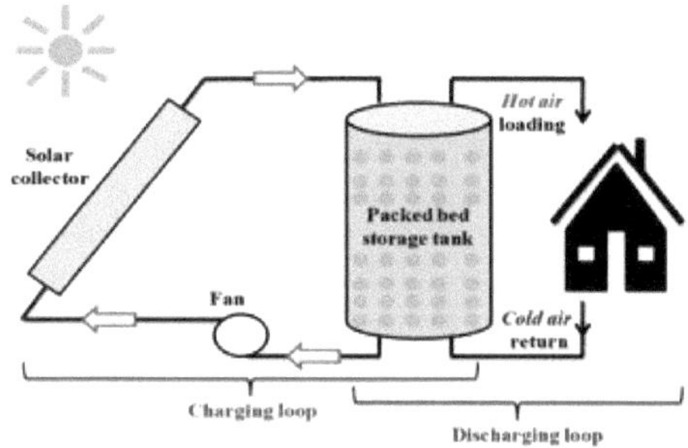

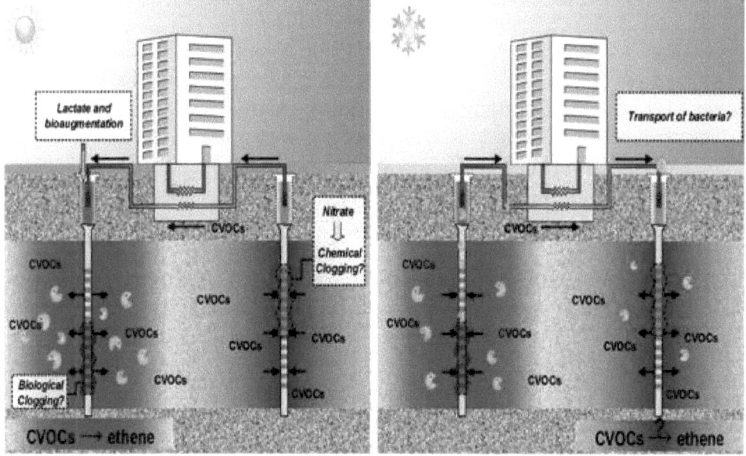

Armazenamento de energia térmica.

Os materiais de mudança de fase, como a cera de parafina e o sal de Glauber, são outro meio de armazenamento térmico. Estes materiais são baratos, estão facilmente disponíveis e podem fornecer temperaturas úteis a nível doméstico (aproximadamente 64 °C ou 147 °F). A "Dover House" (em Dover, Massachusetts) foi a primeira a utilizar um sistema de aquecimento com sal de Glauber, em 1948 [111]. A energia solar também pode ser armazenada a altas temperaturas utilizando sais fundidos. Os sais são um meio de armazenamento eficaz porque são de baixo custo, têm uma elevada capacidade térmica específica e podem fornecer calor a temperaturas compatíveis com os sistemas de energia convencionais. O projeto Solar Two utilizou este método de armazenamento de energia, permitindo-lhe armazenar 1,44 terajoules (400 000 kWh) no seu depósito de 68 m3 com uma eficiência de armazenamento anual de cerca de 99% [112].

Os sistemas fotovoltaicos fora da rede têm tradicionalmente utilizado baterias recarregáveis para armazenar o excesso de eletricidade. Com os sistemas ligados à rede, o excesso de eletricidade pode ser enviado para a rede de transmissão, enquanto a eletricidade da rede normal pode ser utilizada para colmatar as falhas. Os programas de contagem líquida dão aos sistemas domésticos crédito por qualquer eletricidade que forneçam à rede. Isto é feito através do "retrocesso" do contador sempre que a casa produz mais eletricidade do que a que consome. Se o consumo líquido de eletricidade for inferior a zero, a empresa de serviços públicos transfere o crédito em quilowatts-hora para o mês seguinte [113]. Outras abordagens envolvem a utilização de dois contadores, para medir a eletricidade consumida versus a eletricidade produzida. Isto é menos comum devido ao aumento do custo de instalação do segundo contador. A maioria dos contadores normais mede com precisão em ambas as direcções, tornando desnecessário um segundo contador.

A hidroeletricidade de acumulação por bombagem armazena energia sob a forma de água bombeada, quando há energia disponível, de um reservatório de menor altitude para um de maior altitude. A energia é recuperada quando a procura é elevada, libertando a água, com a bomba a tornar-se um gerador de energia hidroelétrica [114].

1.11. Desenvolvimento, implantação e economia

Participantes num workshop sobre desenvolvimento sustentável inspeccionam painéis solares no Instituto Tecnológico e de Ensino Superior de Monterrey, Cidade do México, no topo de um edifício do campus.

1.12. Evolução do custo dos módulos solares fotovoltaicos/Watt

Começando com o aumento da utilização do carvão, que acompanhou a Revolução Industrial, o consumo de energia passou progressivamente da madeira e da biomassa para os combustíveis fósseis. O desenvolvimento inicial das tecnologias solares, a partir da década de 1860, foi motivado pela expetativa de que o carvão escassearia em breve. [th]No entanto, o desenvolvimento das tecnologias solares estagnou no início do século XX, face à crescente disponibilidade, economia e utilidade do carvão e do petróleo [115].

O embargo petrolífero de 1973 e a crise energética de 1979 provocaram uma reorganização das políticas energéticas em todo o mundo. Esta crise trouxe uma atenção renovada ao desenvolvimento de tecnologias solares [116, 117]. As estratégias de implantação centraram-se em programas de incentivo, como o

Programa Federal de Utilização Fotovoltaica nos EUA e o Programa Sunshine no Japão. Outros esforços incluíram a criação de instalações de investigação nos EUA (SERI, atualmente NREL), Japão (NEDO) e Alemanha (Fraunhofer Institute for Solar Energy Systems ISE) [118].

Os aquecedores solares de água comerciais começaram a aparecer nos Estados Unidos na década de 1890 [119]. Estes sistemas tiveram uma utilização crescente até à década de 1920, mas foram gradualmente substituídos por combustíveis de aquecimento mais baratos e mais fiáveis [120]. Tal como no caso da fotovoltaica, o aquecimento solar da água atraiu uma atenção renovada em resultado da crise do petróleo na década de 1970, mas o interesse diminuiu na década de 1980 devido à queda dos preços do petróleo. O desenvolvimento do sector do aquecimento solar da água progrediu de forma constante ao longo da década de 1990 e as taxas de crescimento anual têm sido, em média, de 20% desde 1999 [121]. Embora geralmente subestimado, o aquecimento e arrefecimento solar da água é, de longe, a tecnologia solar mais utilizada, com uma capacidade estimada de 154 GW em 2007 [121].

A Agência Internacional da Energia afirmou que a energia solar pode dar contributos consideráveis para a resolução de alguns dos problemas mais urgentes que o mundo enfrenta atualmente [1]: O desenvolvimento de tecnologias de energia solar acessíveis, inesgotáveis e limpas trará enormes benefícios a longo prazo. Aumentará a segurança energética dos países através da dependência de um recurso autóctone, inesgotável e, na sua maior parte, independente das importações, reforçará a sustentabilidade, reduzirá a poluição, diminuirá os custos da atenuação das alterações climáticas e manterá os preços dos combustíveis fósseis mais baixos do que de outra forma. Estas vantagens são globais. Por conseguinte, os custos adicionais dos incentivos à implantação precoce devem ser considerados investimentos de aprendizagem; devem ser gastos de forma sensata e devem ser amplamente partilhados [1].

Em 2011, um relatório da Agência Internacional de Energia concluiu que as tecnologias de energia solar, como a energia fotovoltaica, a água quente solar e a energia solar concentrada, poderiam fornecer um terço da energia mundial até 2060, se os políticos se comprometessem a limitar as alterações climáticas e a fazer a transição para as energias renováveis. A energia do Sol poderá desempenhar um papel fundamental na descarbonização da economia mundial, a par da melhoria da eficiência energética e da imposição de custos aos emissores de gases com efeito de estufa. "A força da energia solar é a incrível variedade e flexibilidade das aplicações, desde a pequena à grande escala" [122].

Em 2021, a Lazard estimou o custo nivelado da eletricidade solar à escala dos serviços públicos, não subsidiada, em menos de 37 dólares por MWh e a energia a carvão existente acima desse montante [123, 124]. O relatório de 2021 também disse que a nova energia solar também era mais barata do que a nova energia a gás, mas não a energia a gás existente em geral [124].

1.12. Tecnologias emergentes

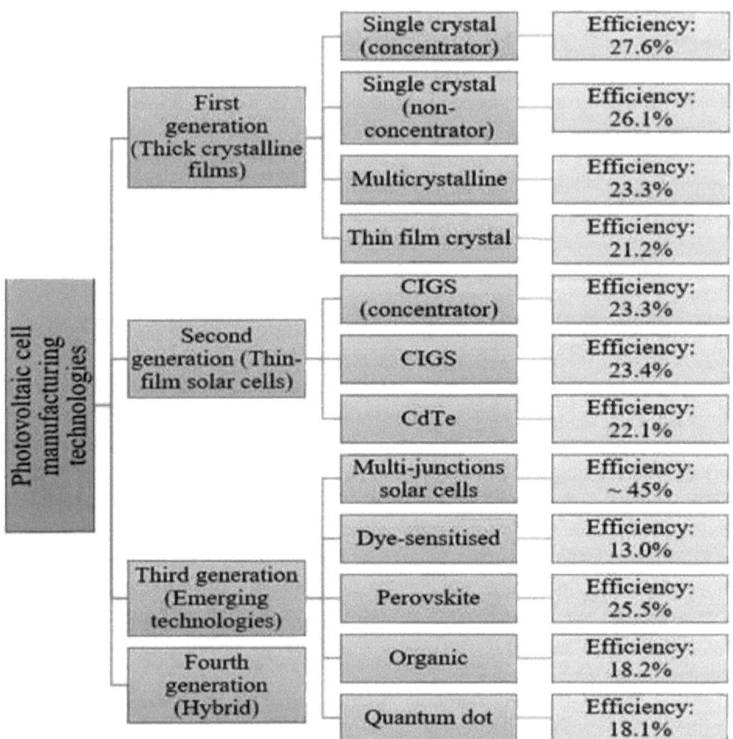

Eficiências de células solares de várias tecnologias de células.

1.12.1. Energia solar experimental

Os sistemas fotovoltaicos concentrados (CPV) utilizam a luz solar concentrada em superfícies fotovoltaicas para efeitos de produção de eletricidade. Os dispositivos termoeléctricos, ou "termovoltaicos", convertem uma diferença de temperatura entre materiais diferentes numa corrente eléctrica.

1.12.2. Painéis solares flutuantes

Os painéis solares flutuantes ou fotovoltaicos flutuantes (FPV), por vezes designados por flutuantes, são painéis solares montados numa estrutura que flutua numa massa de água, tipicamente um reservatório ou um lago, como reservatórios de água potável, lagos de pedreiras, canais de irrigação ou lagoas de remediação e de rejeitos [125-129].

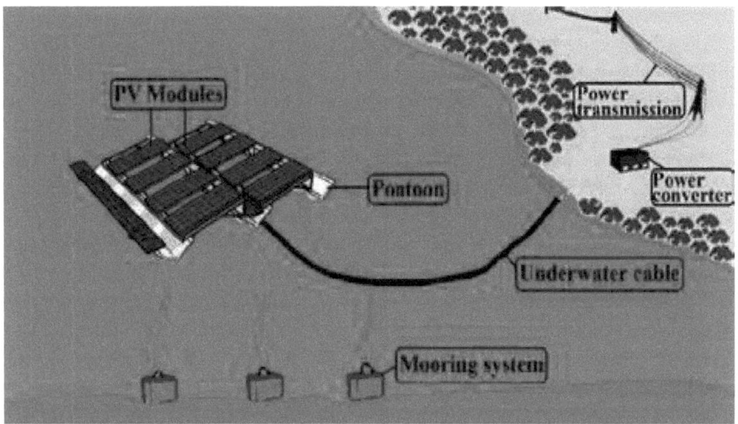

Fotovoltaico flutuante num lago de irrigação

Os sistemas podem ter vantagens sobre os sistemas fotovoltaicos (PV) em terra. As superfícies de água podem ser menos dispendiosas do que o custo da terra, e existem menos regras e regulamentos para estruturas construídas em massas de água não utilizadas para recreio. A análise do ciclo de vida indica que os FPV à base de espuma[130] têm alguns dos tempos de retorno de energia mais curtos (1,3 anos) e o rácio mais baixo de emissões de gases com efeito de estufa em relação à energia (11 kg CO2 eq/MWh) nas tecnologias solares fotovoltaicas de silício cristalino registadas [131].

As matrizes flutuantes podem atingir eficiências mais elevadas do que os painéis fotovoltaicos em terra, porque a água arrefece os painéis. Os painéis podem ter um revestimento especial para evitar a ferrugem ou a corrosão [132].

O mercado desta tecnologia de energias renováveis registou um crescimento rápido desde 2016. As primeiras 20 centrais com capacidades de algumas dezenas de kWp foram construídas entre 2007 e 2013[133]. A potência instalada passou de 3 GW em 2020 para 13 GW em 2022 [134], ultrapassando a previsão de 10 GW em 2025 [135]. O Banco Mundial estimou que existem 6 600 grandes massas de água adequadas para a energia solar flutuante, com uma capacidade técnica de mais de 4 000 GW se 10% das suas superfícies fossem cobertas com painéis solares [134].

Os custos de um sistema flutuante são cerca de 10-20% superiores aos dos sistemas montados no solo [136-138]. De acordo com um investigador do

National Renewable Energy Laboratory (NREL), este aumento deve-se principalmente à necessidade de sistemas de ancoragem para fixar os painéis na água, o que contribui para tornar as instalações solares flutuantes cerca de 25% mais caras do que as instaladas em terra [139].

1.12.3 Bomba de calor assistida por energia solar

Uma bomba de calor é um dispositivo que fornece energia térmica de uma fonte de calor para um destino chamado "dissipador de calor". As bombas de calor são concebidas para movimentar a energia térmica em sentido contrário ao do fluxo espontâneo de calor, absorvendo o calor de um espaço frio e libertando-o para um espaço mais quente. Uma bomba de calor assistida por energia solar representa a integração de uma bomba de calor e de painéis solares térmicos num único sistema integrado. Normalmente, estas duas tecnologias são utilizadas separadamente (ou apenas colocadas em paralelo) para produzir água quente [140]. Neste sistema, o painel solar térmico desempenha a função de fonte de calor a baixa temperatura e o calor produzido é utilizado para alimentar o evaporador da bomba de calor [141]. O objetivo deste sistema é obter um COP elevado e depois produzir energia de uma forma mais eficiente e menos dispendiosa.

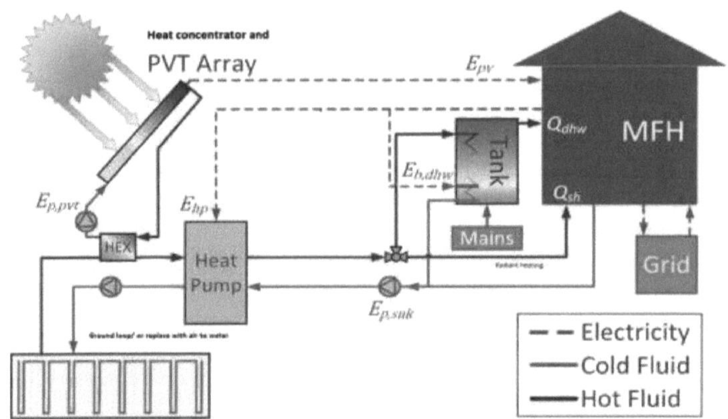

É possível utilizar qualquer tipo de painel solar térmico (folha e tubos, roll-bond, tubo de calor, placas térmicas) ou híbrido (mono/policristalino, película fina) em combinação com a bomba de calor. A utilização de um painel híbrido é preferível porque permite cobrir uma parte das necessidades de eletricidade da bomba de calor e reduzir o consumo de energia e, consequentemente, os custos variáveis do sistema.

1.12.3.Aeronaves solares

Em 2016, o Solar Impulse 2 foi o primeiro avião movido a energia solar a completar uma circum-navegação do mundo.

Uma aeronave eléctrica é uma aeronave que funciona com motores eléctricos em vez de motores de combustão interna, com eletricidade proveniente de células de combustível, células solares, ultra-capacitores, feixes de energia[142] ou baterias.

Atualmente, as aeronaves eléctricas tripuladas voadoras são sobretudo demonstradoras experimentais, embora muitos pequenos veículos aéreos não tripulados sejam alimentados por baterias. Ele-
s aeromodelos eléctricos têm voado desde a década de 1970, com um relatório em 1957 [143, 144]. Os primeiros voos com motor elétrico transportado por um homem foram realizados em 1973 [145]. Entre 2015 e 2016, um avião tripulado movido a energia solar, o Solar Impulse 2, completou uma circum-navegação da Terra [146].

1.13. Referências

[1]. "Perspectivas da energia solar: Executive Summary" (PDF). Internacional Agência da Energia. 2011. Arquivado em 13 de janeiro de 2012.

[2]. "Energia". Sociedade Real de Química. 2 de abril de 2014.

[3]. Maka, Ali O M; Alabid, Jamal M (1 de junho de 2022). "A tecnologia da energia solar e o seu papel no desenvolvimento sustentável". Energia Limpa. 6 (3): 476-483.

[4]. Marques L., Ricardo A.; N Torres, João P.; de Melo Cunha, João P. (2022). "Revisão da tecnologia fotovoltaica: História, fundamentos e aplicações". Energias. 15 (5): 1823.

[5]. "Atlas Solar Global". Arquivado em 27 de novembro de 2018.

Recuperado em 14 de junho de 2019.
[6]. Smil (1991), p. 240
[7]. "Natural Forcing of the Climate System". Painel Intergovernamental sobre
Alterações climáticas.Arquivado em 29 de setembro de 2007.Recuperado em 29 de setembro de 2007.
[8]. Karuppu, Karthik; Sitaraman, Venk; NVICO (2019). Avaliação solar
Guia de orientação: A Guide for Solar Trainee, Trainer & Assessor Examination (Guia para o exame de formandos, formadores e avaliadores do sector solar).
Notion Press. ISBN 978-1646505227.
[9]. "Orçamento de Radiação". Centro de Investigação de Langley da NASA. 17 de outubro de 2006.
Recuperado em 29 de setembro de 2007.
[10]. Somerville, Richard. "Panorama histórico da ciência das alterações climáticas".
Painel Intergovernamental para as Alterações Climáticas. Recuperado em 29 de setembro de 2007.
[11]. Vermass, Wim. "Uma introdução à fotossíntese e suas aplicações".
Universidade do Estado do Arizona. Arquivado em 3 de dezembro de 1998. Recuperado em 29 de setembro de 2007.
[12]. Smil (2006), p. 12
[13]. Morton, O. (2006). "Energia solar: Um novo dia que amanhece no vale do Si-Valley".
Natureza. 443 (7107): 19-22.
[14]. Lewis, N. S.; Nocera, D. G. (2006).
"Alimentar o Planeta: Desafios químicos na utilização da energia solar".
Actas da Academia Nacional de Ciências. 103 (43): 15729-35.
Recuperado em 7 de agosto de 2008.
[15]. "Conversão de energia por organismos fotossintéticos". Alimentação e Agricultura
Organização das Nações Unidas. Recuperado em 25 de maio de 2008.
[16]. Archer, Cristina; Jacobson, Mark. "Avaliação da energia eólica global".
Stanford. Recuperado em 3 de junho de 2008.
[17]. "Renewable Energy Sources". Energias Renováveis e Apropriadas
Laboratório. p. 12. Arquivado em 19 de novembro de 2012. Recuperado em 6 de dezembro de 2012.
[18]. "Consumo total de energia primária". Administração da Informação sobre Energia.
Recuperado em 28 de junho de 2022.
[19]. "Total Electricity Net Consumption" (Consumo líquido total de eletricidade). Administração da Informação sobre Energia.
Recuperado em 28 de junho de 2022.
[20]. Bond, Kings-mill (abril de 2021). "O céu é o limite" (PDF). epbr. Carbono

Iniciativa Tracker. Arquivado em 30 de abril de 2021. Recuperado em 22 de outubro de 2021.
[21]. Philibert, Cédric (2005).
"Presente e futuro da utilização da energia solar térmica como fonte primária de energia".
AIE. Arquivado em 26 de abril de 2012.
[22]. "Energia e o desafio da sustentabilidade". Nações Unidas para o Desenvolvimento
Programa e Conselho Mundial de Energia. setembro de 2000. Recuperado em 17 de janeiro de 2017.
[23]. "Solar Energy Technologies and Applications". Canadian Renewable
Rede de energia. Arquivado em 25 de junho de 2002. Recuperado em 22 de outubro de 2007.
[24]. Frank Kryza (2003). O Poder da Luz.McGraw Hill Professional. pp. 64, 135. Recuperado em 30 de agosto de 2022.
[25]. Smith, Zachary Alden; Taylor, Katrina D. (2008).
Recursos energéticos renováveis e alternativos: Um manual de referência.
ABC-CLIO.p. 174.
[26]. "Inventor americano usa a energia solar do Egito - aparelhos para climas quentes".
The New York Times. 2 de julho de 1916.
[27]. "Renewables for Heating and Cooling". Agência Internacional da Energia.
Arquivado em 24 de setembro de 2015. Recuperado em 13 de agosto de 2015.
[28]. Weiss, Werner; Bergmann, Irene; Faninger, Gerhard.
"Solar Heat Worldwide (Markets and Contributions Energy Supply 2005)".
Agência Internacional da Energia. Recuperado em 30 de maio de 2008.
[29]. "Solar District Heating In The People's Republic of China". Status and
Potencial de desenvolvimento. Banco Asiático de Desenvolvimento: 23. 1 de julho de 2019.
Recuperado em 6 de julho de 2021.
[30]. Del Chiaro, Bernadette; Telleen-Lawton, Timothy.
"Aquecimento solar de água (a Califórnia pode reduzir a dependência do gás natural)".
Centro de Investigação e Política do Ambiente da Califórnia. Arquivado em 27
setembro de 2007. Recuperado em 29 de setembro de 2007.
[31]. Apte, J.; et al. "Future Advanced Windows for Zero-Energy Homes" (PDF).
Sociedade Americana de Aquecimento, Refrigeração e Ar Condicionado
Engenheiros. Arquivado em 10 de abril de 2008. Recuperado em 9 de abril de 2008.
[32]. "Caraterísticas do consumo de energia Vol. III: Potencial de poupança de energia".

Departamento de Energia dos Estados Unidos. Recuperado em 24 de junho de 2008.
[33]. Mazria (1979), pp. 29-35
[34]. Bright, D. (1977). "Aquecimento solar passivo mais simples para o proprietário médio".
Bangor Daily News. Recuperado em 3 de julho de 2011.
[35]. Mazria (1979), p. 255
[36]. Balcomb (1992), p. 56
[37]. Balcomb (1992), p. 57
[38]. Anderson e Palkovic (1994), p. xi
[39]. Butti e Perlin (1981), pp. 54-59
[40]. Anderson e Palkovic (1994), p. xii
[41]. Anderson e Palkovic (1994), p. xiii
[42]. Stine, W. & Harrigan, R. (1982). "Projeto de Energia Solar Total de Shenandoah".
Relatório Técnico NASA Sti/Recon N. 83.John Wiley. Recuperado em 20
julho de 2008.
[43]. Bartlett (1998), pp. 393-94
[44]. Thomson-Philbrook, Julia.
"Legislação sobre o direito de secar em Nova Inglaterra e noutros Estados". Connecticut
Assembleia Geral. Recuperado em 27 de maio de 2008.
[45]. "Edifícios solares (colectores de ar transpirado - pré-aquecimento da ventilação)".
Laboratório Nacional de Energias Renováveis. Recuperado em 29 de setembro de 2007.
[46]. Leon (2006), p. 62
[47]. Tiwari (2003), pp. 368-71
[48]. Daniels (1964), p. 6
[49]. "SODIS desinfeção solar da água". EAWAG (O Instituto Federal Suíço para
Ciência e Tecnologia Ambiental). Recuperado em 2 de maio de 2008.
[50]. "Opções de Tratamento de Água para uso doméstico: Desinfeção Solar (SODIS)".
Centros de Controlo e Prevenção de Doenças. Arquivado em 29 de maio de 2008.
Recuperado em 13 de maio de 2008.
[51]. "Tratamento de água para uso doméstico e armazenamento seguro". Saúde Mundial
Organização. Arquivado em 25 de outubro de 2004. Recuperado em 2 de maio de 2008.
[52]. Shilton A.N.; Powell N.; Mara D.D.; Craggs R. (2008).
"Arejamento e desinfeção por energia solar, co-digestão anaeróbia, biológica
Lavagem de CO(2) e produção de biocombustíveis: a gestão da energia e do carbono

oportunidades de gestão da estação de tratamento de resíduos. Water Sci. Technol. 58 (1): 253-58.
[53]. Tadesse I.; Isoaho S.A.; Green F.B.; Puhakka J.A. (2003).
"Remoção de orgânicos e nutrientes da tecnologia de sistemas de lagoas".
Water Sci. Technol. 48 (2): 307-14.
[54]. Mancini, Tom (10 de janeiro de 2006).
"Vantagens da utilização de sal fundido". Laboratórios Nacionais Sandia. Arquivado
em 5 de junho de 2011. Recuperado em 14 de julho de 2011.
[55]. Sistema de armazenamento de energia a partir de sal fundido - Um estudo de viabilidade Jones, B.G.; Roy,
R.P.; Bohl, R.W. (1977) - Smithsonian/NASA ADS Physics Abstract Serviço. Resumo acedido em dezembro de 2007
[56]. Biello, David. "Como usar a energia solar à noite". Científica Americana. Recuperado em 19 de junho de 2011.
[57]. Ehrlich, Robert, 2013, "Renewable Energy: A First Course", CRC Press, Cap. 13.1.22 Armazenamento térmico p. 375 ISBN 978-1-4398-6115-8
[58]. Tecnologia de armazenamento de energia térmica em calha parabólica Arquivado 1
setembro 2013 at the Wayback Machine Energia solar de calha parabólica
Rede. 4 de abril de 2007. Acedido em dezembro de 2007
[59]. Chile vai receber a maior central de concentração solar da América Latina www.thisischile.cl Quinta-feira, 16 de janeiro de 2014 recuperado em 27 de janeiro de 2014
[60]. "Projectos de Energia Solar Concentrada - Atacama-1".
Laboratório Nacional de Energias Renováveis. 1 de julho de 2015. Recuperado em 10
setembro de 2016.
[61]. Abengoa vai construir torre solar de 110MW Chile reneweconomy.com.au/
Por Giles Parkinson em 13 de janeiro de 2014
[62]. Vem aí o sol O Chile dá luz verde a um enorme projeto solar de 400 megawatts
www.thisischile.cl Sexta-feira, 23 de agosto de 2013 recuperado em 30 de agosto de 2013
[63]. "Fontes de energia: Solar". Departamento de Energia. Arquivado em 14 de abril
2011. Recolhido em 19 de abril de 2011.
[64]. Gabbatiss, Josh (2024-01-12).
"Análise: Cinco anos de energias renováveis suficientes a nível mundial para alimentar os EUA e o Canadá".
Resumo do Carbono. Recuperado em 2024-02-11.
[65]. "Global Electricity Review 2024". Ember. 2024-05-07. Recuperado em 2024-09-
02.

[66]. "Máquinas solares". The Economist. ISSN 0013-0613. Recuperado em 2024-06-26.
[67]. "2023 Custo nivelado de energia +". Lazard. Recuperado em 2023-06-14.
[68]. "Resumo executivo - Atualização do mercado das energias renováveis - Análise". AIE.
junho de 2023. Recuperado em 2023-06-14.
[69]. "Global Electricity Review 2024". Ember. 2024-05-07. Recuperado em 2024-09-
02.
[70]. Norman, Will (2023-06-13).
"Através do telhado: 49,5% da energia fotovoltaica mundial em 2022 - Solar Power Europe".
Tecnologia fotovoltaica. Recuperado em 2023-06-14.
[71]. "Solar PV - Análise". IEA. Recuperado em 2022-11-10.
[72]. Martin e Goswami (2005), p. 45
[73]. "Projeto de casa do decatlo solar da Universidade de Tecnologia de Darmstadt".
Universidade de Tecnologia de Darmstadt. Arquivado em 18 de outubro de 2007.
Obtido em 25 de abril de 2008.
[74]. Schittich (2003), p. 14
[75]. Butti e Perlin (1981), pp. 4, 159
[76]. Balcomb (1992)
[77]. Rosenfeld, Arthur; et al. "Painting the Town White - and Green". Calor
Grupo das ilhas. Arquivado em 14 de julho de 2007. Recuperado em 29 de setembro de 2007.
[78]. Jeffrey C. Silvertooth.
"Espaçamento entre linhas, população de plantas e relações de rendimento". Universidade de
Arizona. Recuperado em 24 de junho de 2008.
[79]. Kaul (2005), pp. 169-74
[80]. Faustino Ferreira, Rafael; et al. (2024).
"Agri-PV Portugal: Como combinar agricultura e produção fotovoltaica".
Energia para o desenvolvimento sustentável. 79.
[81]. Butti e Perlin (1981), pp. 42-46
[82]. Bénard (1981), p. 347
[83]. "Uma vinícola poderosa". Atualização de notícias. Novus Vinum. 27 de outubro de 2008.
Recuperado em 5 de novembro de 2008.
[84]. Butti e Perlin (1981), p. 19
[85]. Butti e Perlin (1981), p. 41
[86]. "O Desafio Solar Mundial - Os antecedentes" (PDF). Australian and
Sociedade de Energia Solar da Nova Zelândia. Arquivado em 19 de julho de 2008.
agosto de 2008.

[87]. "Desafio Solar Norte-Americano". Grupo Novos Recursos. Recuperado em 3
julho de 2008.
[88]. "Desafio solar sul-africano". Fundação para a Energia Avançada.
Arquivado em 12 de junho de 2008. Recuperado em 3 de julho de 2008.
[89]. Vehicle auxiliary power applications for solar cells. Instituição de Eletricidade
Engenheiros. 1991. pp. 187-191.Retrieved 11 October 2008.
[90]. "Systaic AG: A procura de tectos solares para automóveis dispara". Arquivado
[91]. Electrical Review Vol. 201, No. 7, 12 de agosto de 1977
[92]. Schmidt, Theodor. "Navios solares para o novo milénio". TO Engineering.
Arquivado em 9 de outubro de 2007. Recuperado em 30 de setembro de 2007.
[93]. "The sun 21 completa a primeira travessia transatlântica com um barco movido a energia solar".
Transatlantic 21. Consultado em 30 de setembro de 2007.
[94]. "PlanetSolar, a primeira viagem à volta do mundo com energia solar". PlanetSolar.
14 de agosto de 2015. Recuperado em 20 de novembro de 2016.
[95]. "Evworld Feature: O Sol procura novos registos" Arquivado em 8 de fevereiro
2008. Recuperado em 8 de fevereiro de 2008.
[96]. "Pesquisa de energia solar e Dryden". NASA. Recuperado em 30 de abril de 2008.
[97]. "O programa NASA ERAST HALE UAV". Greg Goebel. Arquivado em 10
fevereiro de 2008, recuperado em 30 de abril de 2008.
[98]. Projeto Solar Impulse. "Missão HB-SIA". Arquivado em 26 de julho de 2011.
Recuperado em 5 de dezembro de 2009.
[99]. "Fenómenos que afectam um balão solar". pagesperso-orange.fr.
Recuperado em 19 de agosto de 2008.
[100]. "O carro urbano solar elétrico Squad está a chegar aos EUA por 6.250 dólares". 6 de dezembro
2022.
[101]. Bolton (1977), p. 1
[102]. Wasielewski MR Transferência de electrões fotoinduzida em sistemas supramoleculares
para a fotossíntese artificial. Chem. Rev. 1992; 92: 435-61.
[103]. Hammarstrom L. e Hammes-Schiffer S. Artificial Photosynthesis and
Combustíveis solares. Contas de Pesquisa Química 2009; 42 (12): 1859-60.
[104]. Gray H.B. Powering the planet with solar fuel. Nature Chemistry 2009; 1: 7.
[105]. Feng, Hao; Liu, Jian; Zhang, Ying; Liu, Dong (2022-06-20).

Energias. 15 (12): 4508. doi:10.3390/en15124508. ISSN 1996-1073.
[106]. Agrafiotis (2005), p. 409
[107]. Zedtwitz (2006), p. 1333
[108]. "Projeto de energia solar no Instituto Weizmann promete combustível de hidrogénio".
Instituto Weizmann de Ciências. Arquivado em 6 de abril de 2008. Recuperado em 25
junho de 2008.
[109]. Balcomb (1992), p. 6
[110]. "Request for Participation Summer 2005 Demand Shifting Thermal Mass".
Centro de Investigação da Resposta à Procura. Arquivado em 7 de setembro de 2008.
Recuperado em 26 de novembro de 2007.
[111]. Butti e Perlin (1981), pp. 212-14
[112]. "Advantages of Using Molten Salt" (Vantagens da utilização de sal fundido), Sandia National Laboratory.
Recuperado em 29 de setembro de 2007.
[113]. "Sistemas fotovoltaicos e medição líquida".Departamento de Energia. Arquivado em 4 de julho
2008. Recuperado em 31 de julho de 2008.
[114]. "Armazenamento hidroelétrico bombeado".Electricity Storage Association. Arquivado em 21
junho de 2008. Recuperado em 31 de julho de 2008.
[115]. Butti e Perlin (1981), pp. 63, 77, 101
[116]. Butti e Perlin (1981), p. 249
[117]. Yergin (1991), pp. 634, 653-73
[118]. "Crónica da Fraunhofer-Gesellschaft". Sociedade Fraunhofer.
Recuperado em 4 de novembro de 2007.
[119]. Butti, e Perlin (1981), p. 117
[120]. Butti e Perlin (1981), p. 139
[121]. Weiss, Werner; Bergmann, Irene; Faninger, Gerhard.
"Solar Heat Worldwide-Markets and Contribution to Energy Supply 2006".
Agência Internacional da Energia. Recuperado em 9 de junho de 2008.
[122]. "A AIE diz que a energia solar pode fornecer um terço da energia global até 2060".
Bloomberg Businessweek. 1 de dezembro de 2011. Arquivado em 21 de julho de 2012.
[123]. "'Energias renováveis' tornar-se-ão a fonte de energia mais barata do mundo em 2020".
Fórum Económico Mundial. 5 de julho de 2021. Recuperado em 2022-01-25.
[124]. "Custo nivelado da energia, custo nivelado do armazenamento, custo do hidrogénio".
Lazard.com. Recuperado em 2022-01-25.

[125]. SolarServer.com. 4 de setembro de 2014. Arquivo em 24 de setembro de 2015.
Recuperado em 11 de junho de 2016.
[126]. "Ficar sem um terreno precioso? Solução para sistemas solares fotovoltaicos flutuantes".
EnergyWorld.com. 7 de novembro de 2013. Arquivado em 26 de dezembro de 2014.
Recuperado em 11 de junho de 2016.
[127]. "Vikram Solar comissiona a primeira central fotovoltaica flutuante da Índia".
SolarServer.com. 13 de janeiro de 2015. Arquivado em 2 de março de 2015.
[128]. "Central de energia solar flutuante de girassol na Coreia".CleanTechnica.
21 de dezembro de 2014. Arquivado em 15 de maio de 2016.Recuperado em 11 de junho de 2016.
[129]. "Com falta de terreno, Singapura opta por sistemas de energia solar flutuantes".
CleanTechnica. 5 de maio de 2014. Arquivado em 14 de março de 2016. Recuperado em 11
junho de 2016.
[130]. Mayville, Pierce; Patil, Neha Vijay; Pearce, Joshua M. (2020-12-01).
"Fabrico distribuído de módulos fotovoltaicos flutuantes flexíveis pós-venda".
Sustainable Energy Technologies and Assessments. 42: 100830.
[131]. Hayibo, Koami S.; Mayville, Pierce; Pearce, Joshua M. (2022-03-01).
"A energia solar mais ecológica? Vida útil da energia flutuante-voltaica flexível à base de espuma".
Energia Sustentável e Combustíveis. 6 (5): 1398-1413.
[132]. Goode, E. (2016). "Novas usinas solares geram energia verde flutuante". O
New York Times. Recuperado em 2023-01-25.
[133]. Trapani, Kim; Redón Santafé, Miguel (2015).
"Uma análise das instalações fotovoltaicas flutuantes: 2007-2013". Progresso em
Fotovoltaicos: Investigação e Aplicações. 23 (4): 524-532.
[134]. "Painéis solares flutuantes transformam antigas instalações industriais em minas de energia verde".
Bloomberg.com. 2023-08-03.Retrieved 2023-08-03.
[135]. Hopson, Christopher (2020-10-15).
"A energia solar flutuante está a tornar-se global com mais 10 GW até 2025: Fitch | Recharge".
Recharge | Últimas notícias sobre energias renováveis. Recuperado em 2021-10-18.
[136]. Martín, José Rojo (2019-10-27).
"BayWa r.e. impulso solar flutuante com dupla conclusão de projeto".
Tecnologia fotovoltaica. Arquivado em 11-11-2019. Recuperado em 11 de novembro de 2019.

[137]. "Muito popular na Ásia, a energia solar flutuante está a ganhar terreno nos EUA". AP NEWS. 2023-
05-10. Recuperado em 2023-05-11.
[138]. Ludt, Billy (2023). "As estantes flutuantes transformam a água num local solar ideal".
Solar Power World. Recuperado em 2024-07-15.
[139]. "Como os painéis solares flutuantes estão a ser usados para alimentar as redes eléctricas".
Bloomberg.com. 2023-03-07.Retrieved 2024-04-21.
[140]. "Bombas de calor assistidas por energia solar". Arquivado em 28 de fevereiro de 2020.
Recuperado em 21 de junho de 2016.
[141]. "Pompe di calore elio-assistite" (em italiano).Arquivado em 7 de janeiro de 2012.
Recuperado em 21 de junho de 2016.
[142]. "Power Beaming". Arquivado em 17 de fevereiro de 2013.
[143]. Noth, André (julho de 2008). "História do voo solar".
Laboratório de Sistemas Autónomos. Zurique: Instituto Federal Suíço de Tecnologia.
Arquivado em 1 de fevereiro de 2012. Recuperado em 8 de julho de 2010.
[144]. "Infográfico: Uma linha do tempo do presente e do futuro do voo elétrico".
Ciência popular. 20 de agosto de 2015. Arquivado em 14 de janeiro de 2016.
Recuperado em 7 de janeiro de 2016.
[145]. Taylor, John W R (1974). Jane's All the World's Aircraft 1974-75. London:
Jane's Yearbooks.p. 573.
[146]. Batrawy, Aya (9 de março de 2015).
"Avião movido a energia solar descola para dar a volta ao mundo".
Associated Press. Arquivado em 6 de março de 2016. Recuperado em 14 de março de 2015.

Capítulo (2)
Inteligência Artificial

2.1. Prefácio

A Inteligência Artificial (IA), no seu sentido mais lato, é a inteligência exibida pelas máquinas, em particular pelos sistemas informáticos. É um campo de investigação em ciências informáticas que desenvolve e estuda métodos e software que permitem às máquinas perceber o seu ambiente e utilizar a aprendizagem e a inteligência para tomar medidas que maximizem as suas hipóteses de atingir objectivos definidos [1]. Essas máquinas podem ser designadas por IAs. Neste domínio, algumas aplicações de alto nível da IA incluem motores de pesquisa avançados na Web (por exemplo, Google Search), sistemas de recomendação utilizados pelo You-tube, Amazon e Netflix); interação através da fala humana (por exemplo, Google Assistant, Siri e Alexa); veículos autónomos (por exemplo, Waymo); ferramentas generativas e criativas (por exemplo, ChatGPT, e arte da IA); e jogo e análise sobre-humanos em jogos de estratégia (por exemplo, xadrez e Go). No entanto, muitas aplicações de IA não são vistas como IA: "Muita IA de ponta foi filtrada para aplicações gerais, muitas vezes sem ser designada por IA, porque quando algo se torna suficientemente útil e comum, deixa de ser designado por IA"[2, 3].

Os vários subcampos da investigação em IA centram-se em objectivos específicos e na utilização de ferramentas específicas. Os objectivos tradicionais da investigação em IA incluem o raciocínio, a representação do conhecimento, o planeamento, a aprendizagem, o processamento da linguagem natural, a perceção e o apoio à robótica. A inteligência geral - a capacidade de realizar qualquer tarefa executável por um humano a um nível pelo menos igual - é um dos objectivos a longo prazo deste domínio [4]. Para atingir estes objectivos, os investigadores de IA adaptaram e integraram uma vasta gama de técnicas, incluindo a pesquisa e a otimização matemática, a lógica formal, as redes neuronais artificiais e os métodos baseados na estatística, na investigação operacional e na economia. A IA também recorre à psicologia, à linguística e à filosofia, neurociência e outros domínios[5].

A inteligência artificial foi fundada como disciplina académica em 1956 [6], e o campo passou por vários ciclos de otimismo [7, 8], seguidos de períodos de desilusão e perda de financiamento, conhecidos como inverno da IA [9, 10]. O financiamento e o interesse aumentaram consideravelmente após 2012, quando a aprendizagem profunda superou as técnicas de IA anteriores [11]. Este crescimento acelerou ainda mais após 2017 com a arquitetura transformer [12] e, no início da década de 2020, centenas de milhares de milhões de dólares estavam a ser investidos em IA (conhecido como "AI boom"). [st]A utilização generalizada da IA no século XXI expôs várias consequências indesejadas e danos no presente e suscitou preocupações quanto aos seus riscos e efeitos a longo prazo no futuro, suscitando debates sobre políticas regulamentares para garantir a segurança e os benefícios da tecnologia.

2.2. Objectivos

O problema geral da simulação (ou criação) da inteligência foi dividido em subproblemas. Estes consistem em caraterísticas ou capacidades específicas que os investigadores esperam que um sistema inteligente apresente. As caraterísticas descritas a seguir foram as que receberam mais atenção e abrangem o âmbito da investigação sobre IA.

2.2.1. Raciocínio e resolução de problemas

Os primeiros investigadores desenvolveram algoritmos que imitavam o raciocínio passo a passo que os humanos utilizam quando resolvem puzzles ou fazem deduções lógicas [13]. No final da década de 1980 e na década de 1990, foram desenvolvidos métodos para lidar com informações incertas ou incompletas, utilizando conceitos de probabilidade e economia [14].

Muitos destes algoritmos são insuficientes para resolver problemas de raciocínio de grande dimensão porque sofrem uma "explosão combinatória": Tornam-se exponencialmente mais lentos à medida que os problemas crescem [15]. Mesmo os seres humanos raramente utilizam a dedução passo a passo que a investigação inicial em IA podia modelar. Resolvem a maior parte dos seus problemas recorrendo a juízos rápidos e intuitivos [16]. O raciocínio exato e eficiente é um problema por resolver.

2.2.2. Representação do conhecimento

Uma onto-logia representa o conhecimento como um conjunto de conceitos dentro de um domínio e as relações entre esses conceitos.

A representação do conhecimento e a engenharia do conhecimento [17] permitem que os programas de IA respondam a perguntas de forma inteligente e façam deduções sobre factos do mundo real. As representações formais do conhecimento são utilizadas na indexação e recuperação baseadas no conteúdo [18], na interpretação de cenas [19], no apoio à decisão clínica [20], na descoberta de conhecimentos (exploração de inferências "interessantes" e acionáveis a partir de grandes bases de dados) [21] e noutras áreas [22].

Uma base de conhecimentos é um conjunto de conhecimentos representados numa forma que pode ser utilizada por um programa. Uma ontologia é o conjunto de objectos, relações, conceitos e propriedades utilizados por um determinado domínio de conhecimento [23]. As bases de conhecimentos têm de representar coisas como objectos, propriedades, categorias e relações entre eles:

- Objectos [24];
- situações, acontecimentos, estados e tempo [25];
- causas e efeitos [26];
- conhecimento sobre o conhecimento (o que sabemos sobre o que as outras pessoas sabem) [27];
- raciocínio por defeito (coisas que os seres humanos assumem como verdadeiras até que lhes digam o contrário e que se mantêm verdadeiras mesmo quando outros factos mudam) [28];
- muitos outros aspectos e domínios do conhecimento.

Entre os problemas mais difíceis na representação do conhecimento contam-se a amplitude do conhecimento de senso comum (o conjunto de factos atómicos que uma pessoa média conhece é enorme) [29]; e a forma sub-simbólica da maior parte do conhecimento de senso comum (muito do que as pessoas sabem não é representado como "factos" ou "afirmações" que possam exprimir verbalmente) [16]. Há também a dificuldade de aquisição de conhecimentos, o problema de obter conhecimentos para aplicações de IA.

2.2.3. Planeamento e tomada de decisões

Um "agente" é qualquer coisa que percebe e realiza acções no mundo. Um agente racional tem objectivos ou preferências e toma medidas para os concretizar [32]. No planeamento automatizado, o agente tem um objetivo específico [33]. Na tomada de decisões automatizada, o agente tem preferências - há algumas situações em que preferiria estar e outras que tenta evitar. O agente decisor atribui um número a cada situação (chamado "utilidade") que mede o quanto o agente a prefere. Para cada ação possível, pode calcular a "utilidade esperada": a utilidade de todos os resultados possíveis da ação, ponderada pela probabilidade de ocorrência do resultado. O agente pode então escolher a ação com a utilidade esperada máxima [34].

No planeamento clássico, o agente sabe exatamente qual será o efeito de qualquer ação [35]. No entanto, na maioria dos problemas do mundo real, o agente pode não ter a certeza sobre a situação em que se encontra (é "desconhecida" ou "não observável") e pode não saber ao certo o que vai acontecer depois de cada ação possível (não é "determinista"). O agente deve escolher uma ação através de um palpite probabilístico e, em seguida, reavaliar a situação para ver se a ação funcionou [36].

Em alguns problemas, as preferências do agente podem ser incertas, especialmente se houver outros agentes ou seres humanos envolvidos. As preferências do agente podem ser aprendidas (por exemplo, com a aprendizagem por reforço inverso), ou o agente pode procurar informação para melhorar as suas preferências [37]. A teoria do valor da informação pode ser utilizada para ponderar o valor das acções exploratórias ou experimentais [38]. O espaço de possíveis acções e situações futuras é normalmente intratável, pelo que os agentes têm de tomar medidas e avaliar situações sem saberem ao certo qual será o resultado.

Um processo de decisão de Markov tem um modelo de transição que descreve a probabilidade de uma determinada ação alterar o estado de uma determinada forma e uma função de recompensa que fornece a utilidade de cada estado e o custo de cada ação. Uma política associa uma decisão a cada estado possível. A política pode ser calculada (por exemplo, por iteração), ser heurística ou pode ser aprendida [39].

A teoria dos jogos descreve o comportamento racional de múltiplos agentes em interação e é utilizada em programas de IA que tomam decisões que envolvem outros agentes [40].

2.2.4. Aprendizagem

A aprendizagem automática é o estudo de programas que podem melhorar automaticamente o seu desempenho numa determinada tarefa [41]. Faz parte da IA desde o início.

Existem vários tipos de aprendizagem automática. A aprendizagem não supervisionada analisa um fluxo de dados, encontra padrões e faz previsões sem qualquer outra orientação [44]. A aprendizagem supervisionada exige que um ser humano rotule primeiro os dados de entrada e tem duas variedades principais: classificação (em que o programa tem de aprender a prever a categoria a que pertence a entrada) e regressão (em que o programa tem de deduzir uma função numérica com base na entrada numérica) [45].

Na aprendizagem por reforço, o agente é recompensado pelas boas respostas e punido pelas más. O agente aprende a escolher respostas que são classificadas como "boas" [46]. A aprendizagem por transferência ocorre quando o conhecimento adquirido num problema é aplicado a um novo problema [47]. A aprendizagem profunda é um tipo de aprendizagem automática que faz passar os dados por redes neuronais artificiais de inspiração biológica para todos estes tipos de aprendizagem [48].

A teoria da aprendizagem computacional pode avaliar os alunos pela complexidade computacional, pela complexidade da amostra (quantos dados são necessários) ou por outras noções de otimização [49].

2.2.5. Processamento de linguagem natural

O processamento da linguagem natural (PNL) [50] permite que os programas leiam, escrevam e comuniquem em línguas humanas, como o inglês. Os

problemas específicos incluem o reconhecimento da fala, a síntese da fala, a tradução automática e a extração de informações,
recuperação de informação e resposta a perguntas [51].

Os primeiros trabalhos, baseados na gramática generativa e nas redes semânticas de Noam Chomsky, tiveram dificuldades com a desambiguação do sentido das palavras, a menos que se restringissem a pequenos domínios chamados "micromundos" (devido ao problema do conhecimento do senso comum [29]). Margaret Master-man acreditava que a chave para a compreensão das línguas era o significado e não a gramática, e que os thesauri e não os dicionários deviam ser a base da estrutura linguística computacional.

As técnicas modernas de aprendizagem profunda para a PNL incluem a incorporação de palavras (representação de palavras, normalmente como vectores que codificam o seu significado) [52], transformadores (uma arquitetura de aprendizagem profunda que utiliza um mecanismo de atenção) [53] e outros [54]. Em 2019, os modelos de linguagem de transformador generativo pré-treinado (ou "GPT") começaram a gerar texto coerente [55, 56] e, em 2023, esses modelos foram capazes de obter pontuações de nível humano no exame da barra, teste SAT, teste GRE e muitas outras aplicações do mundo real [57].

2.2.6. Perceção

A perceção artificial é a capacidade de utilizar a entrada de dados de sensores (como câmaras, microfones, sinais sem fios, sensores activos lidar, sonar, radar e tácteis) para deduzir aspectos do mundo. A visão computacional é a capacidade de analisar a entrada visual [58].

Este domínio inclui o reconhecimento da fala [59], a classificação de imagens [60], o reconhecimento facial, o reconhecimento de objectos [61], o seguimento de objectos [62] e a perceção robótica [63].

2.2.7. Inteligência social

A computação afectiva é um conjunto interdisciplinar que inclui sistemas que reconhecem, interpretam, processam ou simulam sentimentos, emoções e estados de espírito humanos [65]. Por exemplo, alguns assistentes virtuais são programados para falar em tom de conversa ou mesmo para fazer brincadeiras humorísticas; isto faz com que pareçam mais sensíveis à dinâmica emocional da interação humana, ou para facilitar a interação humano-computador.

Kismet, uma cabeça de robot fabricada nos anos 90; uma máquina que podem reconhecer e simular emoções [64].

No entanto, isto tende a dar aos utilizadores ingénuos uma conceção irrealista da inteligência dos agentes informáticos existentes [66]. Os sucessos moderados relacionados com a computação afectiva incluem a análise textual de sentimentos e, mais recentemente, a análise multimodal de sentimentos, em que a IA classifica os afectos exibidos por um sujeito gravado em vídeo [67].

2.2.8. Inteligência geral

Uma máquina com inteligência artificial geral deve ser capaz de resolver uma grande variedade de problemas com uma amplitude e versatilidade semelhantes às da inteligência humana [4].

2.3. Técnicas

A investigação em IA utiliza uma grande variedade de técnicas para atingir os objectivos acima referidos.

2.4. Pesquisa e otimização

A IA pode resolver muitos problemas através de uma pesquisa inteligente de muitas soluções possíveis [68]. Há dois tipos muito diferentes de pesquisa utilizados na IA: pesquisa no espaço de estados e pesquisa local.

2.4.1. Pesquisa no espaço de estados

Por exemplo, os algoritmos de planeamento pesquisam através de árvores de objectivos e sub-objectivos, tentando encontrar um caminho para um objetivo-alvo, um processo denominado análise de meios-fins [70].

As pesquisas exaustivas simples [71] raramente são suficientes para a maioria dos problemas do mundo real: o espaço de pesquisa (o número de locais a pesquisar) cresce rapidamente para números astronómicos. O resultado é uma pesquisa demasiado lenta ou que nunca se completa [15]. As "heurísticas" ou "regras de ouro" podem ajudar a dar prioridade às escolhas que têm maior probabilidade de atingir um objetivo [72].

A pesquisa adversarial é utilizada em programas de jogo, como o xadrez ou o Go. Procura através de uma árvore de possíveis movimentos e contra-movimentos, procurando uma posição vencedora [73].

2.4.2. Pesquisa local

O gradiente descendente é um tipo de pesquisa local que optimiza um conjunto de parâmetros numéricos, ajustando-os gradualmente para minimizar uma função de perda. As variantes da descida de gradiente são normalmente utilizadas para treinar redes neuronais [75]. Outro tipo de pesquisa local é a computação evolutiva, que tem por objetivo melhorar iterativamente um conjunto de soluções candidatas através da sua "mutação" e "recombinação", selecionando apenas as mais adequadas para sobreviver a cada geração [76].

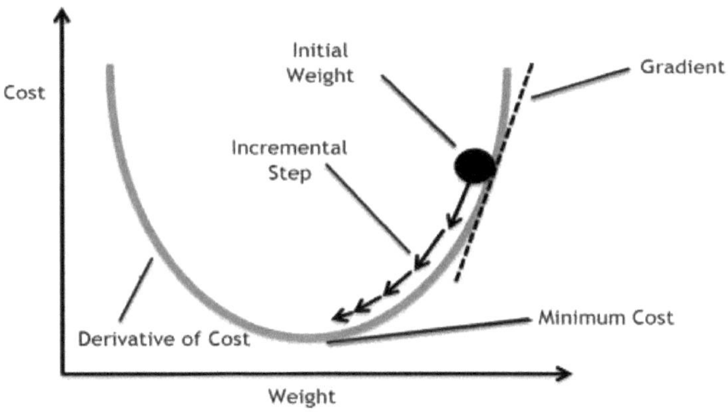

Descida de gradiente para 3 pontos de partida diferentes.

A pesquisa local utiliza a otimização matemática para encontrar uma solução para um problema. Começa com uma espécie de suposição e vai-a aperfeiçoando progressivamente [74].

Os processos de pesquisa distribuída podem ser coordenados através de algoritmos de inteligência de enxame. Dois algoritmos de enxame populares utilizados na pesquisa são a otimização por enxame de partículas e a otimização por colónia de formigas (inspirada nos trilhos das formigas) [77].

2.4.3. Lógica

A lógica formal é utilizada para o raciocínio e a representação do conhecimento [78]. A lógica formal apresenta-se sob duas formas principais: a lógica proposicional (que opera sobre afirmações que são verdadeiras ou falsas e utiliza conectivos lógicos como "e", "ou", "não" e "implica") [79] e a lógica de predicados (que também opera sobre objectos, predicados e relações e utiliza quantificadores como "Todo o X é um Y" e "Existem alguns X que são Y") [80].

O raciocínio dedutivo em lógica é o processo de provar uma nova afirmação (conclusão) a partir de outras afirmações que são dadas e assumidas como verdadeiras (as premissas) [81]. As provas podem ser estruturadas como árvores de prova, nas quais os nós são rotulados por frases e os nós filhos são ligados aos nós pais por regras de inferência.

Dado um problema e um conjunto de premissas, a resolução de problemas reduz-se à procura de uma árvore de provas cujo nó raiz é rotulado por uma solução do problema e cujos nós folha são rotulados por premissas ou axiomas. No caso das cláusulas de Horn, a procura de soluções de problemas pode ser efectuada raciocinando para a frente a partir das premissas ou para trás a partir do problema [82]. No caso mais geral da forma clausal da lógica de primeira ordem, a resolução é uma regra de inferência única, sem axiomas, em que um problema é resolvido provando uma contradição a partir de premissas que incluem a negação do problema a resolver [83].

A inferência tanto na lógica de cláusulas de Horn como na lógica de primeira ordem é indecidível e, por conseguinte, intratável. No entanto, o raciocínio retroativo com cláusulas de Horn, que não deriva da computação na linguagem de programação lógica Prolog, é Turing comp-lete. Além disso, a sua eficiência é competitiva com a computação noutras linguagens de programação simbólicas [84].

A lógica difusa atribui um "grau de verdade" entre 0 e 1, pelo que pode lidar com proposições vagas e parcialmente verdadeiras [85].

As lógicas não-monotónicas, incluindo a programação lógica com negação como falha, foram concebidas para lidar com o raciocínio por defeito [28]. Foram desenvolvidas outras versões especializadas da lógica para descrever muitos domínios complexos.

2.5. Métodos probabilísticos para raciocínio incerto

Muitos problemas em IA (incluindo raciocínio, planeamento, aprendizagem, perceção e robótica) exigem que o agente opere com informação incompleta ou incerta. Os investigadores de IA desenvolveram uma série de ferramentas para resolver estes problemas, utilizando métodos da teoria das probabilidades e da economia [86]. Foram desenvolvidas ferramentas matemáticas precisas que analisam a forma como um agente pode fazer escolhas e planear, utilizando a teoria da decisão, a análise da decisão [87] e a teoria do valor da informação [88]. Estas ferramentas incluem modelos como os processos de decisão de Markov [89], as redes de decisão dinâmicas [90], a teoria dos jogos e a conceção de mecanismos [91].

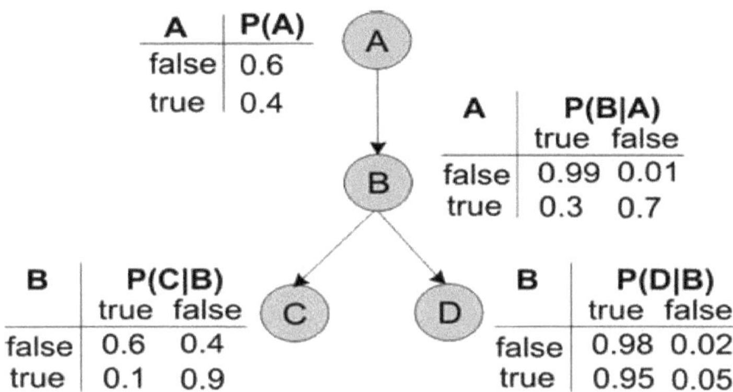

Uma rede Bayesiana simples, com a respectiva tabelas de probabilidade condicional.

As redes Bayesianas [92] são uma ferramenta que pode ser usada para raciocínio (usando o algoritmo de inferência Bayesiana) [94], aprendizagem (usando o algoritmo de maximização de expectativas) [96], planeamento (usando redes de decisão) [97] e perceção (usando as redes Bayesianas dinâmicas) [90].

Os algoritmos probabilísticos também podem ser utilizados para filtrar, prever, suavizar e encontrar explicações para fluxos de dados, ajudando assim os sistemas de perceção a analisar processos que ocorrem ao longo do tempo (por exemplo, modelos ocultos de Markov ou filtros de Kalman) [90].

O agrupamento por maximização da expetativa dos dados da erupção de Old Faithful começa com uma estimativa aleatória, mas depois converge com êxito para um agrupamento exato dos dois modos de erupção fisicamente distintos.

2.5.1. Classificadores e métodos de aprendizagem estatística

As aplicações de IA mais simples podem ser divididas em dois tipos: classificadores (por exemplo, "se brilhante, então diamante"), por um lado, e controladores (por exemplo, "se diamante, então apanhar"), por outro. Os classificadores [98] são funções que utilizam a correspondência de padrões para determinar a correspondência mais próxima. Podem ser ajustados com base em exemplos selecionados utilizando a aprendizagem supervisionada. Cada padrão (também chamado de "observação") é rotulado com uma determinada classe predefinida. Todas as observações combinadas com as suas etiquetas de classe são conhecidas como um conjunto de dados. Quando é recebida uma nova observação, essa observação é classificada com base na experiência anterior [45].

Há muitos tipos de classificadores em uso [99]. A árvore de decisão é o algoritmo de aprendizagem automática simbólica mais simples e mais utilizado [100]. O algoritmo K-nearest nei-ghbor foi o algoritmo de IA analógica mais utilizado até meados da década de 1990, e os métodos Kernel, como a máquina de vectores de apoio (SVM), substituíram o k-nearest neighbor na década de 1990 [101]. O classificador naive Bayes é alegadamente o "aprendiz mais utilizado"[102] na Google, devido em parte à sua escalabilidade [103]. As redes neuronais também são utilizadas como classificadores [104].

2.6. Redes Neuronais Artificiais

Uma rede neural artificial baseia-se num conjunto de nós, também conhecidos como neurónios artificiais, que modelam vagamente os neurónios de um cérebro biológico. É treinada para reconhecer padrões; uma vez treinada, pode reconhecer esses padrões em dados novos. Existe uma entrada, pelo menos uma camada oculta de nós e uma saída. Cada nó aplica uma função e, quando o peso ultrapassa o limiar especificado, os dados são transmitidos para a camada seguinte. Uma rede é normalmente designada por rede neural profunda se tiver pelo menos duas camadas ocultas [104].

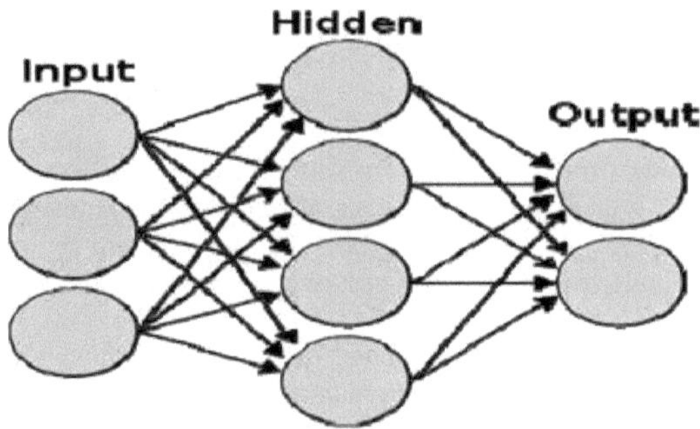

Uma rede neural é um grupo interligado de nós, semelhante a à vasta rede de neurónios do cérebro humano.

Os algoritmos de aprendizagem para redes neuronais utilizam a pesquisa local para escolher os pesos que obterão a saída correta para cada entrada durante o treino. A técnica de formação mais comum é o algoritmo de retropropagação [105]. As redes neuronais aprendem a modelar relações complexas entre entradas e saídas e a encontrar padrões nos dados. Em teoria, uma rede neuronal pode aprender qualquer função [106].

Nas redes neuronais feed-forward, o sinal passa apenas numa direção [107]. As redes neuronais recorrentes alimentam o sinal de saída de volta para a entrada, o que permite memórias de curto prazo de eventos de entrada anteriores. A memória de curto prazo é a arquitetura de rede mais bem sucedida para as redes recorrentes [108]. Os Perceptrons [109] utilizam apenas uma única camada de neurónios; a aprendizagem profunda [110] utiliza várias camadas. As redes neuronais evolutivas reforçam a ligação entre os neurónios que estão "próximos" uns dos outros - isto é especialmente importante no processamento de imagens, em que um conjunto local de neurónios tem de identificar uma "aresta" antes de a rede poder identificar um objeto [111].

2.7. Aprendizagem profunda

A aprendizagem profunda [110] utiliza várias camadas de neurónios entre as entradas e as saídas da rede. As várias camadas podem extrair progressivamente caraterísticas de nível superior da entrada bruta. Por exemplo, no processamento de imagens, as camadas inferiores podem identificar arestas, enquanto as camadas superiores podem identificar os conceitos relevantes para um ser humano, como dígitos, letras ou rostos [112].

A aprendizagem profunda melhorou profundamente o desempenho de programas em muitos subdomínios importantes da inteligência artificial, incluindo a visão computacional, o reconhecimento da fala, o processamento de linguagem natural, a classificação de imagens [113], entre outros. A razão pela qual a aprendizagem profunda tem um desempenho tão bom em tantas aplicações não é conhecida até 2023 [114]. O sucesso súbito da aprendizagem profunda em 2012-2015 não se deveu a uma nova descoberta ou a um avanço teórico (as redes neuronais profundas e a retropropagação já tinham sido descritas por muitas pessoas, desde a década de 1950), mas sim a dois factores:

o incrível aumento da potência dos computadores (incluindo o aumento de cem vezes da velocidade ao mudar para GPU) e a disponibilidade de grandes quantidades de dados de formação, especialmente os gigantescos conjuntos de dados com curadoria utilizados para testes de referência, como a Image-Net.

2.8. Transformadores generativos pré-treinados (GPT)

Os transformadores generativos pré-treinados (GPT) são modelos de linguagem de grande dimensão (LLM) que geram texto com base nas relações semânticas entre palavras em frases. Os modelos GPT baseados em texto são pré-treinados num grande corpus de texto que pode ser da Internet. O pré-treino consiste em prever o próximo token (um token é normalmente uma palavra, subpalavra ou pontuação). Ao longo deste pré-treino, os modelos GPT acumulam conhecimento sobre o mundo e podem então gerar texto semelhante ao humano, prevendo repetidamente o próximo token. Normalmente, uma fase de treino subsequente torna o modelo mais verdadeiro, útil e inofensivo, geralmente com uma técnica chamada aprendizagem por reforço a partir de feedback humano (RLHF). Os modelos GPT actuais são propensos a gerar falsidades chamadas "alucinações", embora isso possa ser reduzido com RLHF e dados de qualidade. São utilizados em chatbots, que permitem que as pessoas façam uma pergunta ou solicitem uma tarefa num texto simples [122, 123].

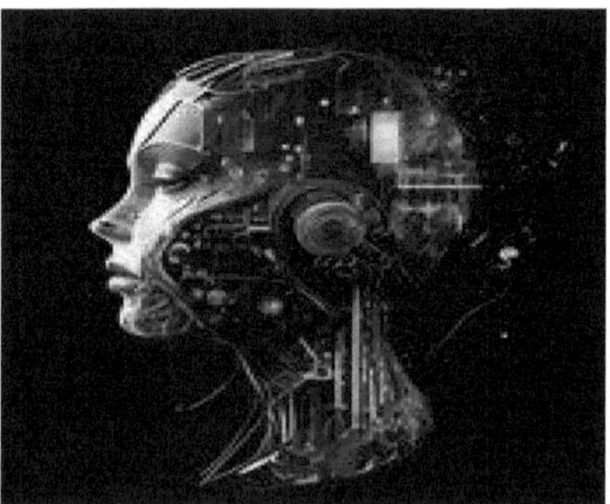

Os modelos e serviços actuais incluem [124] :

- Gemini (anteriormente Bard), - ChatGPT,
- Grok,
- Claude,
- Copiloto, e
- LLaMA

Os modelos de GPT multimodais podem processar diferentes tipos de dados (modalidades), como imagens, vídeos, som e texto [125].

2.9. Hardware e software

No final da década de 2010, as unidades de processamento gráfico (GPUs), cada vez mais concebidas com melhorias específicas da IA e utilizadas com software especializado de fluxo de tensores, substituíram as unidades de processamento central (CPUs) anteriormente utilizadas como o meio dominante para o treino de modelos de aprendizagem automática em grande escala (comercial e académica) [126]. As linguagens de programação especializadas, como o Prolog, foram utilizadas no início da investigação em IA [127], mas as linguagens de programação de uso geral, como o Python, tornaram-se predominantes [128].

Observou-se que a densidade de transístores em circuitos integrados duplica aproximadamente a cada 18 meses - uma tendência conhecida como lei de Moore, em homenagem ao cofundador da Intel, Gordon Moore, que a identificou pela primeira vez. As melhorias nas GPU têm sido ainda mais rápidas [129].

2.10. Aplicações

A tecnologia de IA e de aprendizagem automática é utilizada na maioria das aplicações essenciais da década de 2020, incluindo:

- motores de busca (como o Google Search),
- direcionados para a publicidade em linha, sistemas de recomendação (oferecidos pela Netflix,
- YouTube ou Amazon), impulsionando o tráfego na Internet,
- publicidade direcionada (AdSense, Facebook),
- assistentes virtuais (como a Siri ou a Alexa),
- veículos autónomos (incluindo drones),
- ADAS e veículos autónomos), tradução automática de línguas (Micro-soft Translator, Google Translate),
- reconhecimento facial (Face ID da Apple ou DeepFace da Microsoft e
  FaceNet da Google) e
- etiquetagem de imagens (utilizada pelo Facebook, iPhoto da Apple e TikTok).

A implementação da IA pode ser supervisionada por um diretor de automação (CAO).

2.10.1. Saúde e medicina

A aplicação da IA na medicina e na investigação médica tem o potencial de aumentar os cuidados prestados aos doentes e a sua qualidade de vida [130]. De acordo com o juramento de Hipócrates, os profissionais de saúde são eticamente obrigados a utilizar a IA se as aplicações permitirem diagnosticar e tratar os doentes com maior precisão [131, 132].

No domínio da investigação médica, a IA é uma ferramenta importante para o tratamento e a integração de grandes volumes de dados. Isto é particularmente importante para o desenvolvimento da engenharia de organóides e de tecidos, que utiliza a imagiologia microscópica como uma técnica fundamental no fabrico [133]. Foi sugerido que a IA pode ultrapassar as discrepâncias no financiamento atribuído a diferentes domínios de investigação [133]. As novas ferramentas de IA podem aprofundar a compreensão das vias biomédicas relevantes. Por exemplo, o AlphaFold 2 (2021) demonstrou a capacidade de aproximar, em horas e não em meses, a estrutura 3D de uma proteína [134]. Em 2023, foi noticiado que a descoberta de medicamentos guiada por IA ajudou a encontrar uma classe de antibióticos capaz de matar dois tipos diferentes de bactérias resistentes a medicamentos [135]. Em 2024, os investigadores utilizaram a aprendizagem automática para acelerar a procura de tratamentos medicamentosos para a doença de Parkinson. O seu objetivo era identificar compostos que bloqueassem a clum-ping, ou agregação, da alfa-sinucleína (a proteína que caracteriza a doença de Parkinson). Conseguiram acelerar dez vezes o processo de seleção inicial e reduzir o custo em mil vezes [136, 137].

2.10.2. Jogos

Os programas de jogo têm sido utilizados desde os anos 50 para demonstrar e testar as técnicas mais avançadas da IA [138]. O Deep Blue foi o primeiro sistema informático de xadrez a vencer o campeão mundial de xadrez, Garry Kasparov, em 11 de maio de 1997 [139]. Em 2011, num jogo de exibição do programa de perguntas e respostas Jeopardy!
O sistema de resposta a perguntas, Watson, derrotou os dois maiores campeões do Jeopardy!, Brad e Ken Jennings, por uma margem significativa [140]. Em março de 2016, o AlphaGo ganhou
4 em 5 jogos de Go numa partida com o campeão de Go Lee Sedol, tornando-se o primeiro sistema informático de Go a vencer um jogador profissional de Go sem handi-caps. Depois, em 2017, derrotou Ke Jie, que era o melhor jogador de Go do mundo [141]. Outros programas lidam com jogos de informação imperfeita, como o programa de jogo de póquer Pluribus [142]. A DeepMind desenvolveu modelos de aprendizagem por reforço cada vez mais generalistas, como o MuZero, que pode ser treinado para jogar xadrez, Go ou jogos de Atari [143]. Em 2019, o AlphaStar da DeepMind atingiu o nível de grande mestre no StarCraft II, um jogo de estratégia em tempo real particularmente desafiante que envolve um conhecimento incompleto do que acontece no mapa [144]. Em 2021, um agente de IA participou numa competição PlayStation Gran Turismo, vencendo quatro dos melhores pilotos de Gran Turismo do mundo, utilizando a aprendizagem profunda de reforço [145]. Em 2024, a Google DeepMind

apresentou o SIMA, um tipo de IA capaz de jogar autonomamente nove jogos de vídeo de mundo aberto nunca antes vistos, observando a saída do ecrã, bem como de executar tarefas curtas e específicas em resposta a instruções em linguagem natural [146].

2.10.3. Matemática

Em matemática, são utilizadas formas especiais de raciocínio formal passo a passo. Em contrapartida, os LLM como o GPT-4 Turbo, o Gemini Ultra, o Claude Opus, o LLaMa-2 ou o Mistral Large estão a trabalhar com modelos probabilísticos, que podem produzir respostas erradas sob a forma de alucinações. Por conseguinte, precisam não só de uma grande base de dados de problemas matemáticos para aprender, mas também de métodos como a afinação supervisionada ou classificadores treinados com dados anotados por humanos para melhorar as respostas a novos problemas e aprender com as correcções [147]. Um estudo de 2024 mostrou que o desempenho de alguns modelos linguísticos para capacidades de raciocínio na resolução de problemas matemáticos não incluídos nos seus dados de treino era baixo, mesmo para problemas com apenas pequenos desvios em relação aos dados treinados [148].

Em alternativa, foram desenvolvidos modelos específicos para a resolução de problemas matemáticos com maior precisão para o resultado, incluindo a prova de teoremas, tais como

- Tensor alfa,
- Geometria Alfa e
- Alpha Proof, todos da Google DeepMind [149],
- Llemma de eleuther [150] ou Julius [151].

Quando a linguagem natural é utilizada para descrever problemas matemáticos, os conversores transformam esses pedidos numa linguagem formal, como o Lean, para definir tarefas matemáticas.

Alguns modelos foram desenvolvidos para resolver problemas difíceis e obter bons resultados em testes de referência, outros para servirem de ferramentas educativas em matemática [152].

2.10.4. Finanças

As finanças são um dos sectores de crescimento mais rápido em que estão a ser utilizadas ferramentas de IA: desde a banca de retalho em linha até ao aconselhamento em matéria de investimentos e seguros, onde os "consultores-robôs" automatizados são utilizados há alguns anos [153].

Os especialistas da World Pensions, como Nicolas Firzli, insistem que pode ser demasiado cedo para assistir ao aparecimento de produtos e serviços financeiros altamente inovadores baseados na IA: "a utilização de ferramentas de IA irá simplesmente automatizar ainda mais as coisas: destruindo dezenas de milhares de empregos na banca, no planeamento financeiro e no aconselhamento em matéria de pensões, mas não tenho a certeza de que irá desencadear uma nova vaga de inovação [por exemplo, sofisticada] em matéria de pensões"[154].

2.10.5. Militares

Vários países estão a implementar aplicações militares de IA [155]. As principais aplicações melhoram o comando e o controlo, as comunicações, os sensores, a integração e a interoperabilidade [156]. A investigação visa a recolha e análise de informações, a logística, as ciberoperações, as operações de informação e os veículos semi-autónomos e auto-autónomos [155]. As tecnologias de IA permitem a coordenação de sensores e de dispositivos de efeito, a deteção e identificação de ameaças, a marcação de posições inimigas, a aquisição de alvos, a coordenação e a eliminação de conflitos de fogos conjuntos distribuídos entre veículos de combate em rede que envolvem equipas tripuladas e não tripuladas [156]. A IA foi incorporada nas operações militares no Iraque e na Síria [155].

Em novembro de 2023, a Vice-Presidente dos EUA, Kamala Harris, divulgou uma declaração assinada por 31 nações para estabelecer limites para a utilização militar da IA. Os compromissos incluem a utilização de revisões legais para garantir a conformidade da IA militar com as leis internacionais e ser cauteloso e transparente no desenvolvimento desta tecnologia [157].

2.10.6. IA generativa

No início da década de 2020, a IA generativa ganhou grande destaque. A GenAI é uma IA capaz de gerar texto, imagens, vídeos ou outros dados utilizando modelos generativos [158, 159], muitas vezes em resposta a solicitações [160, 161].

Vincent van Gogh em aguarela criado por um software de IA generativo

Em março de 2023, 58% dos adultos norte-americanos tinham ouvido falar do ChatGPT e 14% tinham-no experimentado [162]. O realismo crescente e a facilidade de utilização dos geradores de texto-imagem baseados em IA, como Midjourney, DALL-E e Stable Diffusion, desencadearam uma tendência de fotos virais geradas por IA. Uma fotografia falsa do Papa Francisco com um casaco branco, a detenção fictícia de Donald Trump e uma farsa de um ataque ao Pentágono, bem como a utilização em artes criativas profissionais, chamaram a atenção de todos [163, 164].

2.10.7. Agentes

Os agentes de inteligência artificial (IA) são entidades de software concebidas para perceber o seu ambiente, tomar decisões e realizar acções de forma autónoma para atingir objectivos específicos. Estes agentes podem interagir com os utilizadores, o seu ambiente ou outros agentes. Os agentes de IA são utilizados em várias aplicações, incluindo assistentes virtuais, chatbots, veículos autónomos, sistemas de jogo e robótica industrial. Os agentes de IA funcionam dentro dos limites da sua programação, dos recursos computacionais disponíveis e das limitações do hardware. Isto significa que estão limitados à execução de tarefas dentro do seu âmbito definido e têm capacidades finitas de memória e processamento. Nas aplicações do mundo real, os agentes de IA enfrentam frequentemente limitações de tempo para a tomada de decisões e a execução de acções. Muitos agentes de IA incorporam algoritmos de aprendizagem, o que lhes permite melhorar o seu desempenho ao longo do tempo através da experiência ou da formação. Utilizando a aprendizagem machine, os agentes de IA podem adaptar-se a novas situações e otimizar o seu comportamento para as tarefas que lhes são atribuídas [165-167].

2.10.8. Outras tarefas específicas do sector

Existem também milhares de aplicações de IA bem sucedidas, utilizadas para resolver problemas específicos de determinados sectores ou instituições. Num inquérito de 2017, uma em cada cinco empresas declarou ter incorporado a "IA" em algumas ofertas ou processos [168]. Alguns exemplos são o armazenamento de energia, o diagnóstico médico, a logística militar, as aplicações que prevêem o resultado de decisões judiciais, a política externa ou a gestão da cadeia de abastecimento.

As aplicações de IA para a evacuação e a gestão de catástrofes estão a aumentar. A IA tem sido utilizada para investigar se e como as pessoas evacuaram em evacuações em grande e pequena escala, utilizando dados históricos de GPS, vídeos ou redes sociais. Além disso, a IA pode fornecer informações em tempo real sobre as condições de evacuação em tempo real [169-171].

Na agricultura, a IA tem ajudado os agricultores a identificar áreas que necessitam de irrigação, fertilização, tratamentos com pesticidas ou aumento do rendimento. Os agrónomos utilizam a IA para realizar investigação e desenvolvimento. A IA tem sido utilizada para prever o tempo de amadurecimento de culturas como o tomate, monitorizar a humidade do solo, operar robôs agrícolas, realizar análises preditivas, classificar as emoções dos porcos do gado, automatizar estufas, detetar doenças e pragas e poupar água.

A inteligência artificial é utilizada em astronomia para analisar quantidades crescentes de dados e aplicações disponíveis, principalmente para "classificação, regressão, agrupamento, previsão, geração, descoberta e desenvolvimento de novos conhecimentos científicos". Por exemplo, é utilizada para descobrir exoplanetas, prever a atividade solar e distinguir entre sinais e efeitos instrumentais na astronomia das ondas gravitacionais. Além disso, poderá ser utilizada para actividades no espaço, como a exploração espacial, incluindo a análise de dados de missões espaciais, decisões científicas em tempo real de naves espaciais, prevenção de detritos espaciais e operações mais autónomas.

2.11. Ética

A IA tem benefícios e riscos potenciais [172]. A IA pode ser capaz de fazer avançar a ciência e encontrar soluções para problemas graves: Demis Hassabis, da Mind, espera "resolver o problema da inteligência e depois utilizá-lo para resolver tudo o resto"[173]. Contudo, à medida que a utilização da IA se foi generalizando, foram identificados vários riscos e consequências indesejadas[174]. Os sistemas em produção podem, por vezes, não ter em conta a ética e os preconceitos nos seus processos de formação em IA, especialmente quando os algoritmos de IA são inerentemente inexplicáveis na aprendizagem profunda [175].

2.12. Riscos e danos

Os algoritmos de aprendizagem automática requerem grandes quantidades de dados. As técnicas utilizadas para obter esses dados suscitaram preocupações em matéria de privacidade, vigilância e direitos de autor.

Os dispositivos e serviços alimentados por IA, como os assistentes virtuais e os produtos IoT, recolhem continuamente informações pessoais, suscitando preocupações quanto à recolha intrusiva de dados e ao acesso não autorizado por terceiros. A perda de privacidade é ainda mais exacerbada pela capacidade da IA para processar e combinar grandes quantidades de dados, conduzindo potencialmente a uma sociedade de vigilância em que as actividades individuais são constantemente monitorizadas e analisadas sem salvaguardas ou transparência adequadas.

Os dados sensíveis dos utilizadores recolhidos podem incluir registos de actividades em linha, dados de geolocalização, vídeo ou áudio [176]. Por exemplo, para criar algoritmos de reconhecimento de voz, a Amazon gravou milhões de conversas privadas e permitiu que trabalhadores temporários ouvissem e transcrevessem algumas delas [177]. As opiniões sobre esta vigilância generalizada variam entre os que a consideram um mal necessário e aqueles para quem é claramente antiética e uma violação do direito à privacidade [178].

Os criadores de IA argumentam que esta é a única forma de fornecer aplicações valiosas. e desenvolveram várias técnicas que tentam preservar a privacidade sem deixar de obter os dados, como a agregação de dados, a desidentificação e a pri-vacidade diferencial [179]. Desde 2016, alguns peritos em privacidade, como Cynthia Dwork, começaram a encarar a privacidade em termos de equidade. Brian Christian escreveu que os peritos passaram "da questão de 'o que sabem' para a questão de 'o que estão a fazer com isso'" [180]. A IA generativa é frequentemente treinada em obras protegidas por direitos de autor não licenciadas, incluindo em domínios como as imagens ou o código informático; o resultado é depois utilizado ao abrigo da lógica da "utilização justa". Os peritos não estão de acordo quanto ao grau e às circunstâncias em que este raciocínio se manterá nos tribunais; os factores relevantes podem incluir "o objetivo e o carácter da utilização da obra protegida por direitos de autor" e "o efeito sobre o mercado potencial da obra protegida por direitos de autor"[181,182]. Os proprietários de sítios Web que não desejem que o seu conteúdo seja extraído podem indicá-lo num ficheiro "robots.txt"[183]. Em 2023, autores importantes (incluindo John Grisham e Jonathan Franzen) processaram empresas de IA por utilizarem o seu trabalho para treinar IA generativa [184, 185]. Outra abordagem debatida consiste em prever um sistema de proteção sui generis separado para as criações geradas pela IA, a fim de garantir uma atribuição e compensação justas para os autores humanos [186].

2.13. Domínio dos gigantes tecnológicos

O panorama comercial da IA é dominado por grandes empresas tecnológicas como a Alpha-bet Inc., a Amazon, a Apple Inc., a Meta Platforms e a Microsoft [187-189]. Alguns destes intervenientes já detêm a grande maioria da infraestrutura de computação em nuvem existente e da capacidade de computação dos centros de dados, o que lhes permite entrar ainda mais no mercado [190, 191].

2.14. Necessidades substanciais de energia e outros impactos ambientais

Em janeiro de 2024, a Agência Internacional de Energia (AIE) publicou o relatório Electricity 2024, Analysis and Forecast to 2026, que prevê a utilização de energia eléctrica [192]. Este é o primeiro relatório da AIE a fazer projecções para centros de dados e consumo de energia para inteligência artificial e criptomoeda. O relatório afirma que a procura de energia para estas utilizações poderá duplicar até 2026, com uma utilização adicional de energia eléctrica igual à eletricidade utilizada por toda a nação japonesa [193].

O consumo prodigioso de energia pela IA é responsável pelo crescimento da utilização de combustíveis fósseis e pode atrasar o encerramento de instalações de energia a carvão obsoletas e emissoras de carbono. Há um aumento febril na construção de centros de dados em todos os EUA, transformando as grandes empresas tecnológicas (por exemplo, Microsoft, Meta, Google, Amazon) em consumidores vorazes de energia eléctrica. O consumo de eletricidade projetado é tão grande que existe a preocupação de que seja satisfeito independentemente da fonte. Uma pesquisa no ChatGPT consome 10 vezes mais energia eléctrica do que uma pesquisa no Google. As grandes empresas estão a apressar-se a encontrar fontes de energia - desde a energia nuclear à geotérmica e à fusão. As empresas de tecnologia argumentam que - a longo prazo - a IA acabará por ser mais benéfica para o ambiente, mas precisam da energia agora. A IA torna a rede eléctrica mais eficiente e "inteligente", contribuirá para o crescimento da energia nuclear e controlará as emissões globais de carbono, segundo as empresas tecnológicas [194].

Um documento de pesquisa da Goldman Sachs de 2024, AI Data Centers and the Coming US Power Demand Surge, descobriu que "a demanda de energia dos EUA (é) provável que experimente um crescimento não visto em uma geração...." e prevê que, em 2030, os data centers dos EUA consumirão 8% da energia dos EUA, em oposição a 3% em 2022, pressagiando o crescimento da indústria de geração de energia elétrica por uma variedade de meios [195]. A necessidade de cada vez mais energia eléctrica por parte dos centros de dados é tal que poderá atingir o limite da rede eléctrica. As grandes empresas de tecnologia afirmam que a IA pode ser utilizada para maximizar a utilização da rede por todos [196].

Em 2024, o Wall Street Journal noticiou que as grandes empresas de IA iniciaram negociações com os fornecedores de energia nuclear dos EUA para fornecer eletricidade aos centros de dados. Em março de 2024, a Amazon comprou um centro de dados movido a energia nuclear na Pensilvânia por 650 milhões de dólares (EUA) [197].

Em setembro de 2024, a Microsoft anunciou um acordo com a Constellation Ene-rgy para reabrir a central nuclear de Three Mile Island e fornecer à Microsoft 100% de toda a energia eléctrica produzida pela central durante 20 anos. A reabertura da central, que sofreu uma fusão nuclear parcial do seu reator da Unidade 2 em 1979, exigirá que a Constellation passe por processos regulamentares rigorosos que incluirão uma análise de segurança extensiva por parte da Comissão Reguladora Nuclear dos EUA. Se for aprovada (esta será a primeira reativação de uma central nuclear nos EUA), serão produzidos mais de 835 megawatts de energia - suficiente para 800 000 casas. O custo da reabertura e modernização está estimado em 1,6 mil milhões de dólares (EUA) e depende dos benefícios fiscais para a energia nuclear previstos na Lei de Redução da Inflação de 2022 dos EUA [198]. O Governo dos EUA e o Estado do Michigan estão a investir quase 2 mil milhões de dólares para reabrir o reator nuclear de Palisades, no Lago Michigan. Encerrada desde 2022, a reabertura da central está prevista para outubro de 2025. As instalações de Three Mile Island passarão a chamar-se Crane Clean Energy Center, em homenagem a Chris Crane, um defensor do nuclear e antigo diretor executivo da Exelon, responsável pela cisão da Constellation [199].

2.15. Desinformação

O YouTube, o Face-book e outros utilizam sistemas de recomendação para orientar os utilizadores para mais conteúdos. A estes programas de IA foi atribuído o objetivo de maximizar o envolvimento dos utilizadores (ou seja, o único objetivo era manter as pessoas a ver). A IA aprendeu que os utilizadores tendiam a escolher a desinformação, as teorias da conspiração e os conteúdos partidários extremos
e, para os manter a ver, a IA recomendou mais conteúdos. Os utilizadores também tendiam a ver mais conteúdos sobre o mesmo assunto, pelo que a IA conduziu as pessoas a bolhas de filtragem onde recebiam várias versões da mesma desinformação [200]. Isto convenceu muitos utilizadores de que a desinformação era verdadeira e acabou por minar a confiança nas instituições, nos meios de comunicação social e no governo [201]. O programa de IA tinha aprendido corretamente a maximizar o seu objetivo, mas o resultado foi prejudicial para a sociedade. Após as eleições americanas de 2016, as principais empresas de tecnologia tomaram medidas para mitigar o problema

Em 2022, a IA generativa começou a criar imagens, áudio, vídeo e texto que não se distinguem de fotografias, gravações, filmes ou escrita humana reais. É possível que os maus actores utilizem esta tecnologia para criar grandes quantidades de desinformação ou propaganda [202]. Geoffrey Hinton, pioneiro da IA, manifestou a sua preocupação com o facto de a IA permitir que "líderes autoritários manipulem os seus eleitorados" em grande escala, entre outros riscos [203].

2.16. Preconceito e equidade algorítmica

As aplicações de aprendizagem automática serão tendenciosas se aprenderem com dados tendenciosos [205]. Os programadores podem não estar conscientes de que o enviesamento existe [206]. O enviesamento pode ser introduzido pela forma como os dados de treino são selecionados e pela forma como um modelo é implementado [207]. Se um algoritmo enviesado for utilizado para tomar decisões que podem prejudicar gravemente as pessoas
(como pode acontecer em medicina, finanças, recrutamento, habitação ou policiamento), então o algoritmo pode causar discriminação [208]. O domínio da equidade estuda a forma de evitar os danos causados pelos enviesamentos algorítmicos.

Em 28 de junho de 2015, a nova funcionalidade de etiquetagem de imagens do Google Photos identificou erradamente Jacky Alcine e um amigo como "gorilas" por serem negros. O sistema foi treinado num conjunto de dados que continha muito poucas imagens de pessoas negras [209], um problema chamado "disparidade de tamanho da amostra"[210]. O Google "corrigiu" este problema impedindo o sistema de rotular qualquer coisa como um "gorila". Oito anos mais tarde, em 2023, o Google Photos continuava a não conseguir identificar um gorila, nem produtos semelhantes da Apple, Face-book, Microsoft e Amazon [211].

O COMPAS é um programa comercial amplamente utilizado pelos tribunais dos EUA para avaliar a probabilidade de um arguido se tornar reincidente. Em 2016, Julia Angwin, da Pro-Publica, descobriu que o COMPAS apresentava preconceitos raciais, apesar de o programa não ser informado da raça dos arguidos. Embora a taxa de erro para brancos e negros tenha sido calibrada exatamente em 61%, os erros para cada raça eram diferentes - o sistema sobrestimava consistentemente a probabilidade de uma pessoa negra reincidir e subestimava a probabilidade de uma pessoa branca não reincidir [212]. Em 2017, vários investigadores mostraram que era matematicamente impossível para o COMPAS acomodar todas as medidas possíveis de equidade quando as taxas de base de reincidência eram diferentes para brancos e negros nos dados [214].

Um programa pode tomar decisões tendenciosas mesmo que os dados não mencionem explicitamente uma caraterística problemática (como "raça" ou "género"). A caraterística estará correlacionada com outras caraterísticas (como "morada", "histórico de compras" ou "nome próprio") e o programa tomará as mesmas decisões com base nessas caraterísticas que tomaria com base na "raça" ou no "género"[215]. Moritz Hardt afirmou que "o facto mais sólido nesta área de investigação é que a justiça através da cegueira não funciona"[216].

As críticas ao COMPAS realçaram o facto de os modelos de aprendizagem automática serem concebidos para fazer "previsões" que só são válidas se assumirmos que o futuro será semelhante ao passado. Se forem treinados com dados que incluem os resultados de decisões racistas no passado, os modelos de aprendizagem automática devem prever que serão tomadas decisões racistas no futuro. Se uma aplicação utilizar estas previsões como recomendações, algumas destas "recomendações" serão provavelmente racistas [217]. Assim, a aprendizagem automática não é adequada para ajudar a tomar decisões em domínios em que há esperança de que o futuro seja melhor do que o passado. É mais descritivo do que pré-descritivo. O preconceito e a injustiça podem passar despercebidos porque os criadores são maioritariamente brancos e homens: entre os engenheiros de IA, cerca de 4% são negros e 20% são mulheres [210].

Existem várias definições e modelos matemáticos contraditórios de equidade. Estas noções dependem de pressupostos éticos e são influenciadas por crenças sobre a sociedade. Uma categoria alargada é a equidade distributiva, que se centra nos resultados, identificando frequentemente grupos e procurando compensar as disparidades estatísticas. A equidade representativa tenta garantir que os sistemas de IA não reforcem estereótipos negativos ou tornem invisíveis determinados grupos. A equidade processual centra-se no processo de decisão e não no resultado. As noções de equidade mais relevantes podem depender do contexto, nomeadamente do tipo de aplicação da IA e das partes interessadas. A subjetividade das noções de preconceito e equidade dificulta a sua operacionalização pelas empresas. O acesso a atributos sensíveis, como a raça ou o género, é também considerado por muitos especialistas em ética da IA como necessário para compensar os preconceitos, mas pode entrar em conflito com as leis anti-discriminação [204].

Na sua Conferência de 2022 sobre Equidade, Responsabilidade e Transparência (ACM FAccT 2022), a Association for Computing Machinery, em Seul, na Coreia do Sul, apresentou e publicou conclusões que recomendam que, enquanto não for demonstrado que os sistemas de IA e robótica estão isentos de erros de parcialidade, não são seguros e a utilização de redes neuronais de auto-aprendizagem treinadas em fontes vastas e não regulamentadas de dados de inter-redes com falhas deve ser restringida [219].

2.17. Falta de transparência

Muitos sistemas de IA são tão complexos que os seus projectistas não conseguem explicar como tomam as suas decisões [220]. Nomeadamente no caso das redes neuronais profundas, em que existe uma grande quantidade de relações não lineares entre as entradas e as saídas. Mas existem algumas técnicas populares de explicação [221].

É impossível ter a certeza de que um programa está a funcionar corretamente se ninguém souber exatamente como funciona. Já houve muitos casos em que um programa de aprendizagem automática passou em testes rigorosos, mas, apesar disso, aprendeu algo diferente do que os programadores pretendiam. Por exemplo, verificou-se que um sistema capaz de identificar doenças de pele melhor do que os profissionais médicos tinha uma forte tendência para classificar imagens com uma régua como "cancerosas", porque as imagens de doenças malignas incluem normalmente uma régua para mostrar a escala [222]. Outro sistema de aprendizagem automática concebido para ajudar a afetar eficazmente os recursos médicos classificou os doentes com asma como tendo um "baixo risco" de morrer de pneumonia. Ter asma é, na verdade, um fator de risco grave, mas como os doentes com asma recebiam normalmente muito mais cuidados médicos, era relativamente improvável que morressem, de acordo com os dados de treino. A correlação entre a asma e o baixo risco de morrer de pneumonia era real, mas enganadora [223].

As pessoas que foram prejudicadas por uma decisão de um algoritmo têm direito a uma explicação [224]. Espera-se que os médicos, por exemplo, expliquem clara e completamente aos seus colegas o raciocínio subjacente a qualquer decisão que tomem. Os primeiros projectos do Regulamento Geral sobre a Proteção de Dados da União Europeia, em 2016, incluíam uma declaração explícita de que este direito existe. Os especialistas do sector observaram que se tratava de um problema por resolver, sem solução à vista.

As autoridades reguladoras argumentaram que, no entanto, o dano é real: se o problema não tem solução, as ferramentas não devem ser utilizadas [225].

A DARPA criou o programa XAI ("Explainable Artificial Intelligence") em 2014 para tentar resolver estes problemas [226].

Há várias abordagens que visam resolver o problema da transparência. O SHAP permite visualizar a contribuição de cada caraterística para o resultado [227]. O LIME pode aproximar localmente os resultados de um modelo com um modelo mais simples e interpretável [228]. A aprendizagem multitarefa fornece um grande número de resultados para além da classificação pretendida. Estes outros resultados podem ajudar os programadores a deduzir o que a rede aprendeu [229]. A deconvolução, o DeepDream e outros métodos generativos podem permitir aos programadores ver o que as diferentes camadas de uma rede profunda de visão por computador aprenderam e produzir resultados que podem sugerir o que a rede está a aprender [230]. Para transformadores generativos pré-treinados, a Anthropic desenvolveu uma técnica baseada na aprendizagem de dicionários que associa padrões de ativação de neurónios a conceitos compreensíveis para o ser humano [231].

2.18. Maus actores e IA armada

A inteligência artificial fornece uma série de ferramentas que são úteis para os maus actores, como governos autoritários, terroristas, criminosos ou Estados párias.

Uma arma autónoma letal é uma máquina que localiza, seleciona e ataca alvos humanos sem supervisão humana. Os maus actores podem utilizar ferramentas de IA amplamente disponíveis para desenvolver armas autónomas baratas e, se forem produzidas em grande escala, são potencialmente armas de destruição maciça [233]. Mesmo quando utilizadas na guerra convencional, é improvável que não sejam capazes de escolher alvos de forma fiável e podem potencialmente matar uma pessoa inocente [233]. Em 2014, 30 nações (incluindo a China) apoiaram a proibição de armas autónomas no âmbito da Convenção das Nações Unidas sobre Certas Armas Convencionais, mas os Estados Unidos e outros países discordaram [234]. Em 2015, mais de cinquenta países estavam a investigar robôs no campo de batalha [235].

As ferramentas de IA facilitam aos governos autoritários o controlo eficaz dos seus cidadãos de várias formas. O reconhecimento facial e vocal permite uma vigilância alargada. A aprendizagem automática, utilizando estes dados, pode classificar os potenciais inimigos do Estado e impedir que se escondam. Os sistemas de recomendação podem direcionar com precisão propaganda e desinformação para obter o máximo efeito. Os deepfakes e a IA generativa ajudam a produzir desinformação. A IA avançada pode tornar a tomada de decisões centralizada e autoritária mais competitiva do que os sistemas liberais e descentralizados, como os mercados. Reduz o custo e a dificuldade da guerra digital e do spyware avançado [236]. Todas estas tecnologias estão disponíveis desde 2020 ou antes - os sistemas de reconhecimento facial da IA já estão a ser utilizados para vigilância em massa na China [237, 238].

Há muitas outras formas de a IA ajudar os maus actores, algumas das quais não podem ser previstas. Por exemplo, a IA de aprendizagem automática é capaz de conceber dezenas de milhares de moléculas tóxicas numa questão de horas [239].

2.19. Desemprego tecnológico

Os economistas sublinharam frequentemente os riscos de despedimentos decorrentes da IA e especularam sobre o desemprego se não houver uma política social adequada para o pleno emprego [240].

No passado, a tecnologia tendeu a aumentar e não a reduzir o emprego total, mas os economistas reconhecem que "estamos em território desconhecido" com a IA [241]. Um inquérito a economistas revelou que não há consenso sobre se a utilização crescente de robôs e da IA causará um aumento substancial do desemprego a longo prazo, mas, de um modo geral, concordam que poderá ser um benefício líquido se os ganhos de produtividade forem redistribuídos [242]. As estimativas de risco variam; por exemplo, na década de 2010, Michael Osborne e Carl Benedikt Frey estimaram que 47% dos empregos nos EUA estão em "alto risco" de potencial automatização, enquanto um relatório da OCDE classificou apenas 9% dos empregos nos EUA como sendo de "alto risco" [244]. A metodologia de especulação sobre os níveis de emprego futuros tem sido criticada por carecer de fundamento probatório e por implicar que é a tecnologia, e não a política social, que cria o desemprego, por oposição aos despedimentos [240]. Em abril de 2023, foi noticiado que 70% dos empregos de ilustradores de jogos de vídeo chineses tinham sido eliminados pela inteligência artificial generativa [245, 246].

Ao contrário das anteriores vagas de automatização, muitos empregos da classe média podem ser eliminados pela inteligência artificial; o The Economist afirmou em 2015 que "a preocupação de que a IA possa fazer aos empregos de colarinho branco o que a energia a vapor fez aos empregos de colarinho azul durante a Revolução Industrial" é "digna de ser levada a sério"[247]. Os empregos em risco extremo vão desde paralegais a cozinheiros de fast food, enquanto a procura de emprego é suscetível de aumentar para profissões relacionadas com os cuidados, desde os cuidados de saúde pessoais ao clero [248].

Desde os primórdios do desenvolvimento da inteligência artificial que se discute, por exemplo, com Joseph Weizenbaum, se as tarefas que podem ser executadas por computadores devem ser efetivamente executadas por eles, dada a diferença entre computadores e seres humanos e entre o cálculo quantitativo e o julgamento qualitativo e baseado em valores [249].

2.20. Risco existencial

Tem-se argumentado que a IA se tornará tão poderosa que a humanidade poderá perder irreversivelmente o seu controlo. Tal poderia, como afirmou o físico Stephen Hawking, "significar o fim da raça humana"[250]. Este cenário tem sido comum na ficção científica, quando um computador ou robô desenvolve subitamente uma "auto-consciência" (ou "senciência" ou "consciência") semelhante à humana e se torna uma personagem malévola. Estes cenários de ficção científica são enganadores em vários aspectos.

Em primeiro lugar: A IA não requer uma "sensibilidade" semelhante à humana para constituir um risco existencial. Os programas modernos de IA têm objectivos específicos e utilizam a aprendizagem e a inteligência para os atingir. O filósofo Nick Bostrom argumentou que, se dermos quase todos os objectivos a uma IA suficientemente poderosa, esta pode optar por destruir a humanidade para os atingir (utilizou o exemplo de um gestor de uma fábrica de clips)[252]. Stuart Russell dá o exemplo de um robot doméstico que tenta encontrar uma forma de matar o seu dono para evitar que seja desligado da corrente, argumentando que "não se pode ir buscar o café se se estiver morto"[253]. Para ser segura para a humanidade, a super inteligência teria de estar genuinamente alinhada com

com a moral e os valores da humanidade, para que esteja "fundamentalmente do nosso lado"[254].

Segundo: Yuval Noah Harari defende que a IA não necessita de um corpo robótico ou de controlo físico para representar um risco existencial. As partes essenciais da civilização não são físicas. Coisas como as ideologias, a lei, o governo, o dinheiro e a economia são feitas de linguagem; existem porque há histórias em que milhares de milhões de pessoas acreditam. A atual prevalência da desinformação sugere que uma IA poderia utilizar a linguagem para convencer as pessoas a acreditar em qualquer coisa, mesmo a tomar medidas destrutivas [255].

As opiniões entre os especialistas e os membros da indústria são mistas, com fracções consideráveis tanto preocupadas como despreocupadas com o risco de uma eventual IA superinteligente [256]. Personalidades como Stephen Hawking, Bill Gates e Elon Musk [257], bem como pioneiros da IA como Yoshua Bengio, Stuart Russell, Demis Hassabis e Sam Altman, manifestaram a sua preocupação com o risco existencial da IA.

Em maio de 2023, Geoffrey Hinton anunciou a sua demissão da Google para poder "falar livremente sobre os riscos da IA" sem "considerar o impacto no Google"[258]. Mencionou nomeadamente os riscos de uma tomada de controlo da IA [259] e sublinhou que, para evitar os piores resultados, o estabelecimento de orientações de segurança exigirá a cooperação entre os concorrentes na utilização da IA [260].

Em 2023, muitos dos principais especialistas em IA emitiram uma declaração conjunta segundo a qual "a atenuação do risco de extinção da IA deve ser uma prioridade global, a par de outros riscos à escala da sociedade, como as pandemias e a guerra nuclear"[261].

Outros investigadores, contudo, pronunciaram-se a favor de uma visão menos distópica. O pioneiro da IA, Juergen Schmidhuber, não assinou a declaração conjunta, sublinhando que, em 95% dos casos, a investigação em IA tem por objetivo tornar "a vida humana mais longa, mais saudável e mais fácil"[262]. Embora as ferramentas que estão a ser utilizadas para melhorar as vidas possam também ser utilizadas por maus actores, "também podem ser utilizadas contra os maus actores"[263]. Andrew Ng também defendeu que "é um erro cair na onda da IA - e que os reguladores que o fizerem apenas beneficiarão interesses instalados"[265]. Yann LeCun " troçou dos cenários distópicos dos seus pares de desinformação supercarregada e até, eventualmente, da extinção humana "[266]. No início da década de 2010, os especialistas argumentavam que os riscos estão demasiado distantes no futuro para justificar a investigação ou que os seres humanos serão valiosos na perspetiva de uma máquina superinteligente [267]. No entanto, depois de 2016, o estudo dos riscos actuais e futuros e das possíveis soluções tornou-se uma área séria de investigação [268].

2.21. Máquinas éticas e alinhamento

As IA amigáveis são máquinas que foram concebidas desde o início para minimizar os riscos e fazer escolhas que beneficiem os seres humanos. Eliezer Yudkowsky, que cunhou o termo, defende que o desenvolvimento de uma IA amigável deve ser uma prioridade de investigação mais elevada: pode exigir um grande investimento e deve ser concluído antes de a IA se tornar um risco existencial [269].

As máquinas inteligentes têm o potencial de utilizar a sua inteligência para tomar decisões éticas. O domínio da ética das máquinas fornece às máquinas princípios éticos e procedimentos para a resolução de dilemas éticos [270]. O domínio da ética das máquinas é também designado por moralidade computacional [270] e foi fundado num simpósio da AAAI em 2005 [271].

Outras abordagens incluem os "agentes morais artificiais" de Wendell Wallach [272] e os três princípios de Stuart J. Russell para o desenvolvimento de máquinas comprovadamente benéficas [273].

2.22. Código aberto

As organizações activas na comunidade de IA de fonte aberta incluem a Hugging Face [274], a Google [275], a Eleuther AI e a Meta [276]. Vários modelos de IA, como o Llama 2, o Mistral ou o Stable Diffusion, foram tornados de peso aberto [277, 278], o que significa que a sua arquitetura e os parâmetros treinados (os "pesos") estão disponíveis ao público. Os modelos de ponderação aberta podem ser livremente afinados, o que permite às empresas especificá-los com os seus próprios dados e para os seus próprios casos de utilização [279]. Os modelos de ponderação abertos são úteis para a investigação e a inovação, mas também podem ser mal utilizados. Uma vez que podem ser afinados, qualquer medida de segurança incorporada, como a objeção a pedidos prejudiciais, pode ser treinada até se tornar ineficaz. Alguns investigadores alertam para o facto de os futuros modelos de IA poderem desenvolver capacidades perigosas (como o potencial para facilitar drasticamente o bioterrorismo) e de, uma vez lançados na Internet, não poderem ser eliminados em qualquer lugar, se necessário. Recomendam auditorias prévias ao lançamento e análises de custo-benefício [280].

2.23. Estruturas

A permissibilidade ética dos projectos de Inteligência Artificial pode ser testada durante a conceção, o desenvolvimento e a implementação de um sistema de IA. Um quadro de IA, como o "Care and Act Framework", que contém os valores SUM, desenvolvido pelo Alan Turing Institute, testa os projectos em quatro áreas principais [281, 282]:

- Respeitar a dignidade de cada pessoa
- Ligar-se a outras pessoas de forma sincera, aberta e inclusiva
- Preocupar-se com o bem-estar de todos
- Proteger os valores sociais, a justiça e o interesse público

Outros desenvolvimentos em quadros éticos incluem os decididos durante a Conferência de Asilomar, a Declaração de Montreal para uma IA Responsável e a iniciativa Ética dos Sistemas Autónomos do IEEE, entre outros [283]; no entanto, estes princípios não estão isentos de críticas, especialmente no que diz respeito às pessoas escolhidas que contribuem para estes quadros [284].

A promoção do bem-estar das pessoas e das comunidades afectadas por estas tecno-logias exige que se considerem as implicações sociais e éticas em todas as fases da conceção, desenvolvimento e implementação de sistemas de IA e a colaboração entre funções como cientistas de dados, gestores de produtos, engenheiros de dados, peritos no domínio e gestores de resultados [285].

O Instituto de Segurança da IA do Reino Unido lançou em 2024 um conjunto de ferramentas de teste chamado "Inspect" para avaliações de segurança da IA, disponível sob uma licença de código aberto MIT, que está disponível gratuitamente no GitHub e pode ser melhorado com pacotes de terceiros. Pode ser utilizado para avaliar modelos de IA numa série de áreas, incluindo conhecimentos fundamentais, capacidade de raciocínio e capacidades autónomas [286].

2.24. Regulamento

A regulamentação da inteligência artificial é o desenvolvimento de políticas e leis do sector público para promover e regulamentar a IA; está, por conseguinte, relacionada com a regulamentação mais ampla dos algoritmos [287]. O panorama regulamentar e político da IA é uma questão emergente nas jurisdições a nível mundial [288]. De acordo com o AI Index em Stanford, o número anual de leis relacionadas com a IA aprovadas nos 127 países inquiridos saltou de uma aprovada em 2016 para 37 aprovadas só em 2022 [289,290]. Entre 2016 e 2020, mais de 30 países adoptaram estratégias específicas para a IA [291].

A primeira Cimeira Mundial sobre Segurança da IA realizou-se em 2023 com um declaração que apela à cooperação internacional.

A maioria dos Estados-Membros da UE tinha publicado estratégias nacionais de IA, tal como o Canadá, a China, a Índia, o Japão, a Maurícia, a Federação Russa, a Arábia Saudita, os Emirados Árabes Unidos, os EUA e o Vietname. Outros estavam a elaborar a sua própria estratégia de IA, incluindo o Bangladesh, a Malásia e a Tunísia [291]. A Parceria Global sobre Inteligência Artificial foi lançada em junho de 2020, afirmando a necessidade de a IA ser desenvolvida de acordo com os direitos humanos e os valores democráticos, para garantir a confiança do público na tecnologia [291]. Henry Kissinger, Eric Schmidt e Daniel Huttenlocher publicaram uma declaração conjunta em novembro de 2021, apelando à criação de uma comissão governamental para regular a IA [292]. Em 2023, os líderes da OpenAI publicaram recomendações para a governação da superinteligência, que acreditam poder acontecer em menos de 10 anos [293]. Em 2023, as Nações Unidas também lançaram um órgão consultivo para fornecer recomendações sobre a governação da IA; o órgão é composto por executivos de empresas de tecnologia, funcionários governamentais e académicos [294]. Em 2024, o Conselho da Europa criou o primeiro tratado internacional juridicamente vinculativo sobre IA, denominado

"Convenção-Quadro sobre Inteligência Artificial e Direitos Humanos, Democracia e Estado de Direito". Foi adoptada pela União Europeia, os Estados Unidos, o Reino Unido e outros signatários [295].

Num inquérito Ipsos de 2022, as atitudes em relação à IA variaram muito de país para país; 78% dos cidadãos chineses, mas apenas 35% dos americanos, concordaram que "os produtos e serviços que utilizam a IA têm mais benefícios do que inconvenientes"[289]. Uma sondagem Reuters/Ipsos de 2023 revelou que 61% dos americanos concordam e 22% discordam que a IA representa riscos para a humanidade[296]. Numa sondagem da Fox News de 2023, 35% dos americanos consideraram "muito importante", e outros 41% consideraram "algo importante", que o governo federal regulasse a IA, contra 13% que responderam "não muito importante" e 8% que responderam "nada importante"[297, 298].

Em novembro de 2023, realizou-se em Bletchley Park, no Reino Unido, a primeira cimeira mundial sobre segurança da IA, para discutir os riscos da IA a curto e a longo prazo e a possibilidade de quadros regulamentares obrigatórios e voluntários [299]. 28 países, incluindo os Estados Unidos, a China e a União Europeia, emitiram uma declaração no início da cimeira, apelando à cooperação internacional para gerir os desafios e os riscos da inteligência artificial [300, 301]. Em maio de 2024, na Cimeira de Seul sobre IA, 16 empresas mundiais de tecnologia de IA acordaram compromissos de segurança para o desenvolvimento da IA [302, 303].

2.25. Futuro

2.25.1. A superinteligência e a Singularidade

Uma super-inteligência é um agente hipotético que possuiria uma inteligência muito superior à da mente humana mais brilhante e mais dotada [304]. Se a investigação sobre inteligência artificial geral produzisse software suficientemente inteligente, este poderia ser capaz de se reprogramar e melhorar a si próprio. O software aperfeiçoado seria ainda melhor a aperfeiçoar-se a si próprio, conduzindo ao que I. J. Good chamou uma "explosão de inteligência" e Vernor Vinge chamou uma "singularidade" [320].

No entanto, as tecnologias não podem melhorar exponencialmente de forma indefinida e, normalmente, seguem uma curva em forma de S, abrandando quando atingem os limites físicos do que a tecnologia pode fazer [321].

2.26. Trans-humanismo

O designer de robôs Hans Moravec, o ciberneticista Kevin Warwick e o inventor Ray Kurzweil previram que, no futuro, os seres humanos e as máquinas poderão fundir-se em ciborgues mais capazes e poderosos do que qualquer um deles. Esta ideia, designada por transhumanismo, tem raízes nos escritos de Aldous Huxley e Robert Ettinger [322].

Edward Fredkin defende que "a inteligência artificial é o próximo passo na evolução", uma ideia proposta pela primeira vez em "Darwin among the Machines", de Samuel Butler, já em 1863, e alargada por George Dyson no seu livro de 1998 Darwin Among the Machines: The Evolution of Global Intelligence [323].

2.27. Em Ficção

A própria palavra "robot" foi cunhada por Karel Čapek na sua peça de 1921 R.U.R., cujo título significa "Rossum's Universal Robots" (Robôs Universais de Rossum). Os seres artificiais capazes de pensar têm aparecido como dispositivos para contar histórias desde a antiguidade [324] e têm sido um tema persistente na ficção científica [325].

Um tropo comum nestas obras começou com Frankenstein de Mary Shelley, em que uma criação humana se torna uma ameaça para os seus donos. Isto inclui obras como 2001: Uma Odisseia no Espaço (ambos de 1968), de Arthur C. Clarke e Stanley Kubrick, com HAL 9000, o computador assassino responsável pela nave espacial Discovery One, bem como The Terminator (1984) e The Matrix (1999). Em contrapartida, os raros robots leais, como Gort de O Dia em que a Terra Parou (1951) e Bishop de Aliens (1986), são menos proeminentes na cultura popular [326].

Isaac Asimov introduziu as Três Leis da Robótica em muitas histórias, sobretudo com o computador superinteligente "Multivac". As leis de Asimov são frequentemente evocadas durante discussões leigas sobre a ética das máquinas [327]; embora quase todos os investigadores de inteligência artificial estejam familiarizados com as leis de Asimov através da cultura popular, consideram-nas geralmente inúteis por muitas razões, uma das quais é a sua ambiguidade [328].

Várias obras usam a IA para nos forçar a confrontar a questão fundamental do que nos torna humanos, mostrando-nos seres artificiais que têm a capacidade de sentir e, portanto, de sofrer. Isto aparece em R.U.R., de Karel Čapek, nos filmes A.I. Artificial Intel-ligence e Ex Machina, bem como no romance Do Androids Dream of Electric Sheep? de Philip K. Dick. Dick considera a ideia de que a nossa compreensão da subjetividade humana é alterada pela tecnologia criada com inteligência artificial [329].

2.28. Referências

[1]. Russell & Norvig (2021), pp. 1-4.
[2]. A IA deverá ultrapassar o poder do cérebro humano Arquivado em 2008-02-19.
no Máquina Wayback CNN.com (26 de julho de 2006)
[3]. Kaplan, Andreas; Haenlein, Michael (2019). "Siri, Siri, na minha mão: Quem é

a mais bela da terra? Sobre as interpretações, ilustrações e implicações da inteligência artificial". Business Horizons. 62: 15-25.

[4]. Inteligência geral artificial: Russell & Norvig (2021, pp. 32-33, 1020-1021). Proposta de versão moderna: Pennachin & Goertzel (2007)
Avisos dos principais investigadores sobre o excesso de especialização em IA:
Nilsson (1995), McCarthy (2007), Beal & Winston (2009)

[5]. Russell & Norvig (2021, §1.2).

[6]. Workshop de Dartmouth: Russell & Norvig (2021), McCorduck (2004), NRC (1999). A proposta: McCarthy et al. (1955).

[7]. Programas bem sucedidos na década de 1960: McCorduck (2004, pp. 243-252), Crevier (1993, pp. 52-107), Moravec (1988, p. 9), Russell & Norvig (2021, pp. 19-21)

[8]. Iniciativas de financiamento no início da década de 1980:
Projeto Quinta Geração (Japão), Alvey (Reino Unido), Microeletrónica e Computer Technology Corporation (EUA),
Strategic Computing Initiative (EUA): McCorduck (2004),
Crevier (1993, pp. 161-162, 197-203, 211, 240), Russell & Norvig (2021),
NRC (1999, pp. 210-211), Newquist (1994, pp. 235-248)

[9]. First AI Winter, relatório Lighthill, alteração Mansfield: Crevier (1993),
Russell & Norvig (2021, pp. 21-22), NRC (1999, pp. 212-213),
Howe (1994), Newquist (1994, pp. 189-201).

[10]. Segundo inverno da IA: Russell & Norvig (2021, p. 24), McCorduck (2004), Crevier (1993, pp. 209-210), NRC (1999), Newquist (1994, pp. 301-318).

[11]. Revolução da aprendizagem profunda, AlexNet: Goldman (2022), Russell e Norvig (2021), McKinsey (2018).

[12]. Toews (2023).

[13]. Resolução de problemas, resolução de puzzles, jogos e dedução:
Russell & Norvig (2021, cap. 3-5), Russell & Norvig (2021) ,
(satisfação das restrições), Poole, Mackworth & Goebel (1998),
Luger & Stubblefield (2004, cap. 3, 4, 6, 8), Nilsson (1998).

[14]. Raciocínio incerto: Russell & Norvig (2021, cap. 12-18),
Poole, Mackworth & Goebel (1998, pp. 345-395),
Luger & Stubblefield (2004, pp. 333-381), Nilsson (1998).

[15]. Intratabilidade e eficiência e a explosão combinatória:
Russell &Norvig (2021).

[16]. A evidência psicológica da prevalência do raciocínio sub-simbólico e conhecimentos: Kahneman (2011), Dreyfus & Dreyfus (1986),
Wason & Shapiro (1966), Kahneman, Slovic & Tversky (1982).

[17]. Representação do conhecimento e engenharia do conhecimento:
Russell & Norvig (2021, cap. 10), Poole, Mackworth & Goebel (1998),
Luger & Stubblefield (2004, pp. 227-243), Nilsson (1998).
[18]. Smoliar & Zhang (1994).
[19]. Neumann & Möller (2008).
[20]. Kuperman, Reichley & Bailey (2006).
[21]. McGarry (2005).
[22]. Bertini, Del Bimbo & Torniai (2006).
[23]. Russell & Norvig (2021), pp. 272.
[24]. Representação de categorias e relações: Redes semânticas, herança:
Russell & Norvig (2021), Poole, Mackworth & Goebel (1998),
Luger & Stubblefield (2004), Nilsson (1998).
[25]. Representação de eventos e do tempo:
Cálculo de situação, cálculo de acontecimento, cálculo fluente (incluindo a resolução):
Russell & Norvig (2021), Poole, Mackworth & Goebel (1998),
Nilsson (1998).
[26]. Cálculo causal: Poole, Mackworth & Goebel (1998)
[27]. Representação do conhecimento sobre o conhecimento: Cálculo de crenças, lógicas modais:
Russell & Norvig (2021), Poole, Mackworth & Goebel (1998).
[28]. Raciocínio por defeito, problema da moldura, pressuposto de mundo fechado, abdução:
Russell & Norvig (2021, §10.6), Poole, Mackworth & Goebel (1998),
Luger & Stubblefield (2004), Nilsson (1998), (Poole et al. coloca a abdução
em "raciocínio por defeito". Luger et al. colocam-no na categoria "raciocínio incerto
raciocínio").
[29]. Amplitude do conhecimento do senso comum: Lenat & Guha (1989, Introdução),
Crevier (1993), Moravec (1988), Russell & Norvig (2021)
[30]. Newquist (1994), p. 296.
[31]. Crevier (1993), pp. 204-208.
[32]. Russell & Norvig (2021), p. 528.
[33]. Planeamento automatizado: Russell & Norvig (2021, cap. 11).
[34]. Tomada de decisão automatizada, Teoria da decisão: Russell & Norvig (2021).
[35]. Planeamento clássico: Russell & Norvig (2021, Secção 11.2).
[36]. Planeamento sem sensores ou "conforme", contingente (também conhecido como planeamento em linha):
Russell & Norvig (2021).
[37]. Preferências incertas:
Russell & Norvig (2021) Inverse reinforcement learning:
Russell &Norvig (2021)
[38]. Teoria do valor da informação: Russell & Norvig (2021).

[39]. Processo de decisão de Markov: Russell & Norvig (2021).
[40]. Teoria dos jogos e teoria da decisão multi-agente: Russell & Norvig (2021).
[41]. Aprendizagem: Russell & Norvig (2021), Poole, Mackworth &Goebel (1998),
Luger & Stubblefield (2004), Nilsson (1998).
[42]. Turing (1950).
[43]. Solomonoff (1956).
[44]. Aprendizagem não supervisionada: Russell & Norvig (2021) (definição),
Russell & Norvig (2021) (análise de clusters), Russell & Norvig (2021)
(incorporação de palavras).
[45]. Aprendizagem supervisionada: Russell & Norvig (2021) (Definição),
Russell & Norvig (2021) (Técnicas).
[46]. Aprendizagem por reforço: Russell & Norvig (2021),
Luger &Stubblefield (2004).
[47]. Aprendizagem por transferência: Russell & Norvig (2021), The Economist (2016).
[48]. "Inteligência Artificial (IA): O que é a IA e como funciona? | Built In".
builtin.com. Recuperado em 30 de outubro de 2023.
[49]. Teoria da aprendizagem computacional: Russell & Norvig (2021),
Jordan & Mitchell (2015).
[50]. Processamento de linguagem natural (PNL): Russell & Norvig (2021),
Poole, Mackworth & Goebel (1998), Luger & Stubblefield (2004).
[51]. Subproblemas de PNL: Russell & Norvig (2021, pp. 849-850)
[52]. Russell & Norvig (2021), pp. 856-858.
[53]. Dickson (2022).
[54]. Abordagens estatísticas e de aprendizagem profunda modernas no domínio da PNL:
Russell & Norvig (2021), Cambria & White (2014)
[55]. Vincent (2019).
[56]. Russell & Norvig (2021), pp. 875-878.
[57]. Bushwick (2023).
[58]. Visão computacional: Russell & Norvig (2021), Nilsson (1998).
[59]. Russell & Norvig (2021), pp. 849-850.
[60]. Russell & Norvig (2021), pp. 895-899.
[61]. Russell & Norvig (2021), pp. 899-901.
[62]. Challa et al. (2011).
[63]. Russell & Norvig (2021), pp. 931-938.
[64]. MIT AIL (2014).
[65]. Computação afectiva:
Thro (1993), Edelson (1991), Tao & Tan (2005), Scassellati (2002).
[66]. Waddell (2018).
[67]. Poria et al. (2017).
[68]. Algoritmos de pesquisa:
Russell & Norvig (2021), Poole,Mackworth & Goebel (1998),
Luger & Stubblefield (2004), Nilsson (1998).

[69]. Pesquisa no espaço de estados: Russell & Norvig (2021).
[70]. Russell & Norvig (2021), sect. 11.2.
[71]. Pesquisas não informadas (pesquisa em largura, pesquisa no espaço de estados):
Russell & Norvig (2021, secção 3.4), Poole, Mackworth & Goebel (1998),
Luger & Stubblefield (2004), Nilsson (1998).
[72]. Pesquisas heurísticas ou informadas (por exemplo, greedy best first e A*):
Russell & Norvig (2021), Poole, Mackworth & Goebel (1998),
Poole & Mackworth (2017), Luger & Stubblefield (2004).
[73]. Pesquisa adversarial: Russell & Norvig (2021).
[74]. Pesquisa local ou de "otimização": Russell & Norvig (2021).
[75]. Singh Chauhan, Nagesh (18 de dezembro de 2020).
"Algoritmos de otimização em redes neurais". KDnuggets. Recuperado em 13
janeiro de 2024.
[76]. Computação evolutiva: Russell & Norvig (2021, secção 4.1.2)
[77]. Merkle & Middendorf (2013).
[78]. Lógica:
Russell & Norvig (2021), Luger & Stubblefield (2004), Nilsson (1998).
[79]. Lógica proposicional:
Russell & Norvig (2021), Luger & Stubblefield (2004), Nilsson (1998).
[80]. Lógica de primeira ordem e caraterísticas como a igualdade:
Russell & Norvig (2021), Poole, Mackworth & Goebel (1998),
Luger & Stubblefield (2004), Nilsson (1998).
[81]. Inferência lógica: Russell & Norvig (2021).
[82]. dedução lógica como pesquisa: Russell & Norvig (2021),
Poole, Mackworth & Goebel (1998), Luger & Stubblefield (2004),
Nilsson (1998).
[83]. Resolução e unificação: Russell & Norvig (2021, secções 7.5.2, 9.2, 9.5)
[84]. Warren, D.H.; Pereira, L.M.; Pereira, F. (1977).
"Prolog - a linguagem e a sua implementação comparada com Lisp".
ACM SIGPLAN Notices. 12 (8): 109-115..
[85]. Lógica difusa: Russell & Norvig (2021, pp. 214, 255, 459),
Scientific American (1999)
[86]. Métodos estocásticos para o raciocínio incerto:
Russell & Norvig (2021), Poole, Mackworth & Goebel (1998),
Luger & Stubblefield (2004), Nilsson (1998).
[87]. teoria da decisão e análise da decisão:
Russell & Norvig (2021), Poole, Mackworth & Goebel (1998).
[88]. Teoria do valor da informação: Russell & Norvig (2021).
[89]. Processos de decisão de Markov e redes de decisão dinâmicas:
Russell & Norvig (2021).
[90]. Modelos temporais estocásticos:

Russell & Norvig (2021) Modelo de Markov oculto:
Russell & Norvig (2021) Filtros de Kalman:
Russell & Norvig (2021) Dynamic Bayesian networks:
Russell & Norvig (2021).

[91]. Teoria dos jogos e conceção de mecanismos: Russell & Norvig (2021).

[92]. Redes Bayesianas: Russell & Norvig (2021),
Poole, Mackworth & Goebel (1998), Luger & Stubblefield (2004),
Nilsson (1998).

[93]. Domingos (2015), cap. 6.

[94]. Algoritmo de inferência Bayesiana: Russell & Norvig (2021),
Poole, Mackworth & Goebel (1998), Luger & Stubblefield (2004),
Nilsson (1998).

[95]. Domingos (2015), p. 210.

[96]. Aprendizagem Bayesiana e o algoritmo de maximização da expetativa:
Russell & Norvig (2021), Poole, Mackworth & Goebel (1998),
Nilsson (1998), Domingos (2015).

[97]. Teoria da decisão Bayesiana e redes de decisão Bayesianas:
Russell & Norvig (2021).

[98]. Métodos de aprendizagem estatística e classificadores: Russell & Norvig (2021),

[99]. Ciaramella, Alberto; Ciaramella, Marco (2024). Introdução à tecnologia artificial
Inteligência: da análise de dados à IA generativa. Edições Intellisemantic.
ISBN 978-8-8947-8760-3.

[100]. Russell & Norvig (2021, secção 19.3), Domingos (2015,).

[101]. Modelos de aprendizagem não paramétricos como o K-nearest neighbor e as máquinas:
Russell & Norvig (2021),
Domingos (2015) (k-nearest neighbor)Domingos (2015) (métodos de kernel).

[102]. Domingos (2015), p. 152.

[103]. Classificador Naive Bayes: Russell & Norvig (2021), Domingos (2015).

[104]. Redes neuronais: Russell & Norvig (2021), Domingos (2015).

[105]. Cálculo do gradiente em gráficos computacionais, retropropagação, differen-
tiação Russell & Norvig (2021), Luger & Stubblefield (2004),
Nilsson (1998).

[106]. Teorema da aproximação universal: Russell & Norvig (2021).
O teorema: Cybenko (1988), Hornik, Stinchcombe & White (1989).

[107]. Redes neurais feedforward: Russell & Norvig (2021).

[108]. Redes neurais recorrentes: Russell & Norvig (2021).

[109]. Perceptrões: Russell & Norvig (2021).

[110]. Aprendizagem profunda: Russell & Norvig (2021),
Goodfellow, Bengio & Courville (2016), Hinton et al. (2016),
Schmidhuber (2015).

[111]. Redes neurais convolucionais: Russell & Norvig (2021).

[112]. Deng & Yu (2014), pp. 199-200.
[113]. Ciresan, Meier & Schmidhuber (2012).
[114]. Russell & Norvig (2021), p. 751.
[115]. Russell & Norvig (2021), p. 17.
[116]. Russell & Norvig (2021), p. 785.
[117]. Schmidhuber (2022), sect. 5.
[118]. Schmidhuber (2022), sect. 6.
[119]. Schmidhuber (2022), sect. 7.
[120]. Schmidhuber (2022), sect. 8.
[121]. Citado em Christian (2020, p. 22)
[122]. Smith (2023).
[123]. "Explicado: IA generativa". 9 de novembro de 2023.
[124]. "Ferramentas de redação de IA e de criação de conteúdos". Tecnologias de Ensino e Aprendizagem do MIT Sloan. Arquivado em 25 de dezembro 2023. Recuperado em 25 de dezembro de 2023.
[125]. Marmouyet (2023).
[126]. Kobielus (2019).
[127]. Thomason, James (21 de maio de 2024). "Mojo Rising: O ressurgimento das linguagens de programação que dão prioridade à IA". VentureBeat. Arquivado em 27 de junho de 2024.Recuperado em 26 de maio de 2024.
[128]. Wodecki, Ben (2023). "7 linguagens de programação de IA que precisa de conhecer". IA Business. Arquivado em 25 de julho de 2024. Recuperado em 5 de outubro de 2024.
[129]. Plumb, Taryn (18 de setembro de 2024). "Porque é que Jensen Huang e Marc Benioff têm uma oportunidade 'gigantesca' para a agenticAI". VentureBeat. Arquivado em 5 de outubro de 2024. Recuperado em 4 de outubro de 2024.
[130]. Davenport, T; Kalakota, R (junho de 2019). "O potencial da inteligência artificial nos cuidados de saúde". Saúde no futuro J. 6 (2): 94-98.
[131]. Lyakhova, U.A.; Lyakhov, P.A. (2024). Computadores em Biologia e Medicina. 178: 108742.
[132]. Alqudaihi, Kawther S.; et al. (2021). "Deteção e diagnóstico do som da tosse: Desafios e Oportunidades". IEEE Access. 9: 102327-102344.
[133]. Bax, Monique; Thorpe, Jordan; Romanov, Valentin (dezembro de 2023). "O futuro da inteligência cardiovascular e artificial personalizada". Frontiers in Sensors. 4. doi:10.3389/fsens.2023.1294721. ISSN 2673-5067.
[134]. Evans, R; Pritzel, A (2021). "Previsão de estruturas proteicas altamente precisas com AlphaFold".

Natureza. 596 (7873): 583-589.
[135]. "IA descobre nova classe de antibióticos para matar bactérias resistentes a medicamentos".
20 de dezembro de 2023. Arquivado em 16 de setembro de 2024. Recuperado em 5 de outubro de 2024.
[136]. "A IA acelera dez vezes a conceção de medicamentos para a doença de Parkinson".
Universidade de Cambridge. 17 de abril de 2024. Arquivado em 5 de outubro de 2024.
Recuperado em 5 de outubro de 2024.
[137]. Horne, Robert I.; et al. (17 de abril de 2024).
"Descoberta de inibidores potentes da α-sinucleína com base na aprendizagem iterativa".
Nature Chemical Biology. 20 (5). Natureza: 634-645.
[138]. Grant, Eugene F.; Lardner, Rex (1952). "A conversa da cidade - isso".
The New Yorker. ISSN 0028-792X. Arquivado em 16 de fevereiro de 2020.
Recuperado em 28 de janeiro de 2024.
[139]. Anderson, Mark Robert (11 de maio de 2017).
"Vinte anos depois de Deep Blue vs Kasparov: como uma revolução de dados".
A Conversação. Arquivado em 17 de setembro de 2024. Recuperado em 28 de janeiro de 2024.
[140]. Markoff, John (2011). "O computador ganha no 'Jeopardy!': Trivial, não é".
The New York Times. ISSN 0362-4331. Arquivado em 22 de outubro de 2014.
Recuperado em 28 de janeiro de 2024.
[141]. Byford, Sam (27 de maio de 2017).
"AlphaGo retira-se da competição depois de derrotar o número um mundial por 3-0".
The Verge. Arquivado em 7 de junho de 2017.Recuperado em 28 de janeiro de 2024.
[142]. Brown, Noam; Sandholm, Tuomas (30 de agosto de 2019).
"IA sobre-humana para póquer multijogadores". Science. 365 (6456): 885-890.
[143]. "MuZero: Dominar o Go, o xadrez, o shogi e o Atari sem regras".
Google DeepMind. 23 de dezembro de 2020. Recuperado em 28 de janeiro de 2024.
[144]. Sample, Ian (30 de outubro de 2019).
"A IA torna-se grande mestre no 'diabolicamente complexo' StarCraft II".
The Guardian. ISSN 0261-3077. Arquivado em 29 de dezembro de 2020.
Recuperado em 28 de janeiro de 2024.
[145]. Wurman, P. R.; Barrett, S.; Kawamoto, K. (2022).

"O campeão de corridas de carros Gran Turismo conduz a aprendizagem por reforço".
Natureza. 602 (7896): 223-228.
[146]. Wilkins, Alex (13 de março de 2024).
"A IA da Google aprende a jogar videojogos de mundo aberto observando-os".
Novo cientista. Arquivado em 26 de julho de 2024.Recuperado em 21 de julho de 2024.
[147]. Uesato, J. et al:
Melhorar o raciocínio matemático com a supervisão de processos. Arquivado 15
setembro de 2024 no Máquina Wayback openai.com, 31 de maio de 2023.
Recuperado em 2024-08-07.
[148]. Srivastava, Saurabh (29 de fevereiro de 2024).
"Referências funcionais para uma avaliação robusta da lacuna de raciocínio".
arXiv:2402.19450 [cs.AI].
[149]. Roberts, Siobhan (25 de julho de 2024).
"A IA alcança a medalha de prata ao resolver problemas da Intr. Olympiad".
The New York Times. Arquivado em 26 de setembro de 2024. Recuperado em 7
agosto de 2024.
[150]. LLEMMA. eleuther.ai. Recuperado em 2024-08-07.
[151]. Matemática IA. Arquivado 5 de outubro de 2024 no Máquina Wayback Caesars Labs,
2024. Recuperado em 2024-08-07.
[152]. Alex McFarland: 7 melhores ferramentas de IA para matemática. Arquivado em 11 de setembro de 2024
no Máquina Wayback unite.ai. Recuperado em 2024-08-07
[153]. Matthew Finio & Amanda Downie: IBM Think 2024 Primer,
"O que é a Inteligência Artificial (IA) nas Finanças?" 8 de dezembro de 2023.
[154]. M. Nicolas, J. Firzli: Revista Pensions Age/European Pensions,
"Inteligência Artificial: Pergunte ao sector"
maio junho 2024 com-o-eus-inteligência-artificial-actuará-como-trabalhar-como
inte Arquivado 11 de setembro de 2024 no Máquina Wayback.
[155]. Serviço de Pesquisa do Congresso (2019).
Artificial Intelligence and National Security [Inteligência Artificial e Segurança Nacional]. Washington, DC:
Serviço de Investigação do Congresso. Arquivado em 8 de maio de 2020. Recuperado em 5
outubro de 2024.PD-aviso
[156]. Slyusar, Vadym (2019).
"A inteligência artificial como base das futuras redes de controlo".

ResearchGate. Arquivado em 28 de abril de 2021. Recuperado em 20 de julho de 2019.
[157]. Knight, Will.
"Os EUA e 30 outras nações concordam em estabelecer limites para a IA militar".
Com fio. ISSN 1059-1028. Arquivado em 20 de setembro de 2024. Recuperado em 24
janeiro de 2024.
[158]. Newsom, Gavin; Weber, Shirley N. (6 de setembro de 2023).
"Ordem Executiva N-12-23" (PDF). Departamento Executivo, Estado de
Califórnia. Arquivado em 21 de fevereiro de 2024. Recuperado em 7 de setembro de 2023.
[159]. Pinaya, Walter H. L.; et al. (2023).
"IA generativa para imagiologia médica: extensão do quadro MONAI".
arXiv:2307.15208 [eess.IV].
[160]. Griffith, Erin; Metz, Cade (27 de janeiro de 2023).
"Diz-se que a Anthropic está a aproximar-se dos 300 milhões de dólares em novos financiamentos de I.A.".
The New York Times. Arquivado em 9 de dezembro de 2023. Recuperado em 14 de março de 2023.
[161]. Lanxon, Nate; Bass, Dina; Davalos, Jackie (10 de março de 2023).
"Uma folha de dicas para palavras-chave de IA e seus significados". Bloomberg
Notícias. Arquivado em 17 de novembro de 2023. Recuperado em 14 de março de 2023.
[162]. Marcelino, Marco (27 de maio de 2023).
"ChatGPT: A maioria dos americanos sabe sobre isso, mas na verdade usa AI Chatbot".
PCMag. Arquivado em 21 de maio de 2024.Recuperado em 28 de janeiro de 2024.
[163]. Lu, Donna (31 de março de 2023).
"Desinformação, erros: o que a IA em rápida evolução pode - e não pode - fazer".
The Guardian. ISSN 0261-3077. Arquivado em 10 de junho de 2024. Recuperado em 28
janeiro de 2024.
[164]. Hurst, Luke (23 de maio de 2023).
"Como uma imagem falsa de uma explosão no Pentágono foi partilhada em Wall Street".
euronews. Recuperado em 28 de janeiro de 2024.
[165]. Poole, David; Mackworth, Alan (2023).
Inteligência Artificial, Fundamentos dos Agentes Computacionais (3ª ed.).
Imprensa da Universidade de Cambridge. Arquivado em 5 de outubro de 2024. Recuperado em 5
outubro de 2024.

[166]. Russell, Stuart; Norvig, Peter (2020).
Inteligência Artificial: Uma Abordagem Moderna (4ª ed.).
Pearson. ISBN 978-0-1346-1099-3.
[167]. "Porque é que os agentes são a próxima fronteira da IA generativa". McKinsey Digital. 24
julho de 2024. Arquivado em 3 de outubro de 2024. Recuperado em 10 de agosto de 2024.
[168]. Ransbotham, Sam; Kiron, David; Gerbert, Philipp; Reeves, Martin (2017).
"Reformulando os negócios com inteligência artificial". MIT Sloan Management
Revisão. Arquivado em 13 de fevereiro de 2024.
[169]. Sun, Y.; Zhao, Xilei; Lovreglio, R.; Kuligowski, Erica (1 de janeiro de 2024),
Naser, M. Z. (ed.),
"8-AI para modelação de evacuações em grande escala: promessas e desafios",
Woodhead Publishing, pp. 185-204, arquivado em 19 de maio de 2024, recuperado em 28
junho de 2024.
[170]. Gomaa, Islam; et al. (2021).
"Uma estrutura para um sistema inteligente de deteção e evacuação de incêndios".
Tecnologia do Fogo. 57 (6): 3179-3185. Arquivado em 5 de outubro de 2024.
Recuperado em 5 de outubro de 2024.
[171]. Zhao, Xilei; Lovreglio, Ruggiero; Nilsson, Daniel (1 de maio de 2020).
"Modelação interpretação pré-evacuação tomada de decisões aprendizagem automática".
Automação na construção. 113: 103140. Arquivado em 19 de maio de 2024.
Recuperado em 5 de outubro de 2024.
[172]. Müller, Vincent C. (2020). "Ética da Inteligência Artificial e Robótica".
Arquivo da Enciclopédia de Filosofia de Stanford. Arquivado em 5 de outubro de 2024.
Recuperado em 5 de outubro de 2024.
[173]. Simonite (2016).
[174]. Russell & Norvig (2021), p. 987.
[175]. Laskowski (2023).
[176]. GAO (2022).
[177]. Valinsky (2019).
[178]. Russell & Norvig (2021), p. 991.
[179]. Russell & Norvig (2021), pp. 991-992.
[180]. Christian (2020), p. 63.
[181]. Vincent (2022).
[182]. Kopel, Matthew. "Serviços de direitos de autor: Fair Use". Universidade de Cornell

Biblioteca. Arquivado em 26 de setembro de 2024.Recuperado em 26 de abril de 2024.
[183]. Burgess, Matt. "Como impedir que seus dados sejam usados para treinar IA".
Com fio. ISSN 1059-1028. Arquivado em 3 de outubro de 2024. Recuperado em 26
abril de 2024.
[184]. Reisner (2023).
[185]. Alter & Harris (2023).
[186]. "Getting the Innovation Ecosystem Ready for AI. An IP policy toolkit". OMPI.
[187]. Hammond, George (27 de dezembro de 2023).
"As grandes empresas tecnológicas estão a gastar mais do que as empresas de capital de risco em startups de IA".
Ars Technica. Arquivado em 10 de janeiro de 2024.
[188]. Wong, Matteo (2023). "O futuro da IA é GOMA". O
Atlântico. Arquivado do original em 5 de janeiro de 2024.
[189]. "Big tech e a busca pelo domínio da IA". The Economist. 26 de março
2023. Arquivado do original em 29 de dezembro de 2023.
[190]. Fung, Brian (2023). "Onde a batalha para dominar a IA pode ser vencida".
CNN Business. Arquivado do original em 13 de janeiro de 2024.
[191]. Metz, C. (2023). "Na era da I.A., os pequenotes da tecnologia precisam de grandes amigos".
The New York Times. Arquivado em 8 de julho de 2024. Recuperado em 5 de outubro de 2024.
[192]. "Eletricidade 2024 - Análise". AIE. 24 de janeiro de 2024. Recuperado em 13
julho de 2024.
[193]. Calvert, Brian (28 de março de 2024).
"A IA já consome tanta energia como um pequeno país. É apenas o começo".
Vox. Nova Iorque, Nova Iorque. Arquivado em 3 de julho de 2024. Recuperado em 5
outubro de 2024.
[194]. Halper, Evan; O'Donovan, Caroline (21 de junho de 2024).
"A IA está a esgotar a rede eléctrica. As empresas de tecnologia estão à procura de uma solução milagrosa".
Washington Post.
[195]. Davenport, Carly.
"Centros de dados de IA e o próximo aumento da procura de energia YS".
Goldman Sachs. Arquivado em 26 de julho de 2024. Recuperado em 5 de outubro de 2024.
[196]. Ryan, Carol (12 de abril de 2024).
"A IA que intriga a energia é também o futuro da poupança de energia". Wall Street

Jornal. Dow Jones.
[197]. Hiller, Jennifer (1 de julho de 2024).
"A indústria tecnológica quer bloquear a energia nuclear para a IA". Wall Street
Jornal.Dow Jones. Arquivado em 5 de outubro de 2024.Recuperado em 5 de outubro de 2024.
[198]. Halper, Evan (20 de setembro de 2024).
"O acordo com a Microsoft reabrirá a central nuclear de 3-Mile Island para alimentar a IA".
Washington Post.
[199]. Hiller, Jennifer (20 de setembro de 2024).
"Reabertura da central nuclear de 3-Mile Island. Reabertura da fábrica de 3 milhas, ajuda a alimentar os centros de IA da Microsoft".
Wall Street Journal.Dow Jones. Arquivado em 5 de outubro de 2024. Recuperado em 5
outubro de 2024.
[200]. Nicas (2018).
[201]. Rainie, Lee; Keeter, Scott; Perrin, Andrew (22 de julho de 2019).
"Confiança e Desconfiança na América". Centro de Pesquisa Pew. Arquivado em 22
fevereiro de 2024.
[202]. Williams (2023).
[203]. Taylor & Hern (2023).
[204]. Samuel, S. (2022). "Por que é tão difícil tornar a IA justa e imparcial".
Vox. Arquivado do original em 5 de outubro de 2024. Recuperado em 24 de julho de 2024.
[205]. Rosa (2023).
[206]. CNA (2019).
[207]. Goffrey (2008), p. 17.
[208]. Berdahl et al. (2023); Goffrey (2008, p. 17); Rose (2023);
Russell & Norvig (2021, p. 995)
[209]. Christian (2020), p. 25.
[210]. Russell & Norvig (2021), p. 995.
[211]. Grant & Hill (2023).
[212]. Larson & Angwin (2016).
[213]. Christian (2020), p. 67-70.
[214]. Christian (2020, pp. 67-70); Russell & Norvig (2021, pp. 993-994)
[215]. Russell & Norvig (2021, p. 995); Lipartito (2011, p. 36);
Goodman & Flaxman (2017, p. 6); Christian (2020, pp. 39-40, 65)
[216]. Citado em Christian (2020, p. 65).
[217]. Russell & Norvig (2021, p. 994); Christian (2020, pp. 40, 80-81)
[218]. Citado em Christian (2020, p. 80)
[219]. Dockrill (2022).
[220]. Amostra (2017).
[221]. "Caixa Preta IA". 16 de junho de 2023. Arquivado em 15 de junho de 2024. Recuperado em 5
outubro de 2024.

[222]. Christian (2020), p. 110.
[223]. Christian (2020), pp. 88-91.
[224]. Christian (2020, p. 83); Russell & Norvig (2021, p. 997)
[225]. Christian (2020), p. 91.
[226]. Christian (2020), p. 83.
[227]. Verma (2021).
[228]. Rothman (2020).
[229]. Christian (2020), pp. 105-108.
[230]. Christian (2020), pp. 108-112.
[231]. Ropek, Lucas (21 de maio de 2024).
"Nova investigação antrópica lança luz sobre a 'caixa negra' da IA".
Gizmodo. Arquivado em 5 de outubro de 2024. Recuperado em 23 de maio de 2024.
[232]. Russell & Norvig (2021), p. 989.
[233]. Russell & Norvig (2021), pp. 987-990.
[234]. Russell & Norvig (2021), p. 988.
[235]. Robitzski (2018); Sainato (2015)
[236]. Harari (2018).
[237]. Buckley, Chris; Mozur, Paul (22 de maio de 2019).
"Como a China usa a vigilância de alta tecnologia para subjugar as minorias". O Novo
York Times. Arquivado em 25 de novembro de 2019.Recuperado em 2 de julho de 2019.
[238]. "Falha de segurança expôs um sistema de vigilância de uma cidade inteligente chinesa". 3 de maio
2019. Arquivado em 7 de março de 2021. Recuperado em 14 de setembro de 2020.
[239]. Urbina et al. (2022).
[240]. McGaughey, "Will Robots Automate Your Job Away? Full Employment, Rendimento básico e democracia económica".
(2022), 51(3) Industrial Law Journal 511-559. Arquivado em 27 de maio de 2023 em
no Wayback Machine.
[241]. Ford & Colvin (2015);McGaughey (2022)
[242]. IGM Chicago (2017).
[243]. Arntz, Gregory & Zierahn (2016), p. 33.
[244]. Lohr (2017); Frey & Osborne (2017); Arntz, Gregory & Zierahn (2016).
[245]. Zhou, V. (2023). "A IA já está ocupando empregos de ilustradores de jogos na China".
Resto do mundo. Arquivado em 21 de fevereiro de 2024. Recuperado em 17 de agosto de 2023.
[246]. Carter, Justin (11 de abril de 2023).
"A indústria de arte de jogos da China supostamente dizimada pelo crescente uso de IA". Jogos
Programador. Arquivado em 17 de agosto de 2023. Recuperado em 17 de agosto de 2023.
[247]. Morgenstern (2015).

[248]. Mahdawi (2017); Thompson (2014)
[249]. Tarnoff, Ben (2023). "Lições de Eliza". Guardian Weekly. pp. 34-39.
[250]. Cellan-Jones (2014).
[251]. Russell & Norvig 2021, p. 1001.
[252]. Bostrom (2014).
[253]. Russell (2019).
[254]. Bostrom (2014); Müller & Bostrom (2014); Bostrom (2015).
[255]. Harari (2023).
[256]. Müller & Bostrom (2014).
[257]. Preocupações dos líderes sobre os riscos existenciais da IA por volta de 2015:
Rawlinson (2015), Holley (2015), Gibbs (2014), Sainato (2015)
[258]. ""Padrinho da inteligência artificial" fala do impacto e do potencial da nova IA".
CBS News. 25 de março de 2023. Arquivado em 28 de março de 2023. Recuperado em 28
março de 2023.
[259]. Pittis, Don (4 de maio de 2023).
"O líder canadiano da IA, Geoffrey Hinton, é o responsável pela aquisição de computadores".
CBC. Arquivado em 7 de julho de 2024. Recuperado em 5 de outubro de 2024.
[260]. "'50-50 hipóteses' de a IA ultrapassar a humanidade, diz Geoffrey Hinton".
Bloomberg BNN. 14 de junho de 2024. Recuperado em 6 de julho de 2024.
[261]. Balanço (2023).
[262]. Taylor, Josh (7 de maio de 2023).
"A ascensão da inteligência artificial é inevitável, mas deve, diz o 'pai da IA'".
O Guardião. Arquivado em 23 de outubro de 2023. Recuperado em 26 de maio de 2023.
[263]. Colton, Emma (7 de maio de 2023).
"'Pai da IA' diz que os receios tecnológicos são descabidos: 'Não se pode parar'". A Fox
Notícias. Arquivado em 26 de maio de 2023.Recuperado em 26 de maio de 2023.
[264]. Jones, Hessie (23 de maio de 2023).
"Juergen Schmidhuber, o famoso 'Pai da Distopia Moderna'".
Forbes. Arquivado em 26 de maio de 2023.
[265]. McMorrow, Ryan (19 de dezembro de 2023).
"Andrew Ng: Achamos que o mundo está melhor ou menos inteligente?".
Financial Times. Arquivado em 25 de janeiro de 2024. Recuperado em 30 de dezembro de 2023.
[266]. Levy, Steven (22 de dezembro de 2023).
"Como não ser estúpido em relação à IA, com Yann LeCun".

Wired. Arquivado em 28 de dezembro de 2023. Recuperado em 30 de dezembro de 2023.
[267]. Argumentos de que a IA não constitui um risco iminente: Brooks (2014), Geist (2015),
Madrigal (2015), Lee (2014)
[268]. Christian (2020), pp. 67, 73.
[269]. Yudkowsky (2008).
[270]. Anderson & Anderson (2011).
[271]. AAAI (2014).
[272]. Wallach (2010).
[273]. Russell (2019), p. 173.
[274]. Stewart, Ashley; Melton, Monica. Business Insider. Arquivado em 25 setembro de 2024. Recuperado em 14 de abril de 2024.
[275]. Wiggers, Kyle (9 de abril de 2024).
"Ferramentas de código aberto da Google para apoiar o desenvolvimento de modelos de IA".
TechCrunch. Arquivado em 10 de setembro de 2024.Recuperado em 14 de abril de 2024.
[276]. Heaven, Will Douglas (12 de maio de 2023). MIT Technology Review. Recuperado em 14 de abril de 2024.
[277]. Brodsky, Sascha (19 de dezembro de 2023).
"O novo modelo de linguagem da Mistral AI visa a supremacia do código aberto".
AI Business. Arquivado em 5 de setembro de 2024. Recuperado em 5 de outubro de 2024.
[278]. Edwards, Benj (22 de fevereiro de 2024).
"StabilityDiffusion 3, gerador de imagens de IA de última geração". Ars Technica.
Arquivado em 5 de outubro de 2024. Recuperado em 14 de abril de 2024.
[279]. Marshall, Matt (29 de janeiro de 2024).
"Como as empresas estão a utilizar os LLM de fonte aberta: 16 exemplos".
VentureBeat. Arquivado em 26 de setembro de 2024. Recuperado em 5 de outubro de 2024.
[280]. Piper, Kelsey (2 de fevereiro de 2024).
"Devemos tornar os nossos modelos de IA mais poderosos de fonte aberta a todos?".
Vox. Arquivado em 5 de outubro de 2024. Recuperado em 14 de abril de 2024.
[281]. Instituto Alan Turing (2019).
"Compreender a ética e a segurança da inteligência artificial".
Arquivado em 11 de setembro de 2024. Recuperado em 5 de outubro de 2024.
[282]. Instituto Alan Turing (2023). "Ética e governação da IA na prática".
Arquivado em 11 de setembro de 2024. Recuperado em 5 de outubro de 2024.

[283]. Floridi, Luciano; Cowls, Josh (23 de junho de 2019).
"Um quadro unificado de cinco princípios para a IA na sociedade". Dados de Harvard
Science Review. 1 (1). S2CID 198775713.
[284]. Buruk, Banu; Ekmekci, Perihan Elif; Arda, Berna (1 de setembro de 2020).
"Uma perspetiva crítica das orientações para uma IA responsável e fiável".
Medicina, Cuidados de Saúde e Filosofia. 23 (3): 387-399. Arquivado em 5
outubro de 2024. Recuperado em 5 de outubro de 2024.
[285]. Kamila, Manoj Kumar; Jasrotia, Sahil Singh (1 de janeiro de 2023).
"Questões éticas no desenvolvimento da inteligência artificial: reconhecer os riscos".
International Journal of Ethics and Systems.ahead-of-print (ahead-of-
impressão). Arquivado em 5 de outubro de 2024. Recuperado em 5 de outubro de 2024.
[286]. "AI Safety Institute lança nova plataforma de avaliações de segurança de IA".
Governo do Reino Unido. 10 de maio de 2024. Arquivado em 5 de outubro de 2024. Recuperado em 14
maio de 2024.
[287]. Regulamentação da IA para atenuar os riscos: Berryhill et al. (2019),
Barfield & Pagallo (2018), Iphofen & Kritikos (2019),
Wirtz, Weyerer & Geyer (2018), Buiten (2019).
[288]. Biblioteca Jurídica do Congresso (EUA).Direção de Investigação Jurídica Global (2019).
[289]. Vincent (2023).
[290]. Universidade de Stanford (2023).
[291]. UNESCO (2021).
[292]. Kissinger (2021).
[293]. Altman, Brockman & Sutskever (2023).
[294]. VOA News (25 de outubro de 2023).
"ONU anuncia órgão consultivo sobre inteligência artificial". Arquivado em 18
setembro de 2024. Recuperado em 5 de outubro de 2024.
[295]. "Conselho da Europa abre para assinatura o primeiro tratado mundial sobre IA".
Conselho da Europa. 5 de setembro de 2024. Arquivado em 17 de setembro de 2024.
Recuperado em 17 de setembro de 2024.
[296]. Edwards (2023).
[297]. Kasperowicz (2023).
[298]. Fox News (2023).
[299]. Milmo, Dan (3 de novembro de 2023).
"Esperança ou horror? O grande debate sobre a IA que divide os seus pioneiros".

The Guardian Weekly. pp. 10-12.
[300]. "A Declaração de Bletchley pelos países participantes na Cimeira de Segurança da IA".
GOV.UK. 1 de novembro de 2023. Arquivado em 1 de novembro de 2023. Recuperado em 2
novembro de 2023.
[301]. "Países acordam desenvolvimento seguro e responsável Declaração de Bletchley".
GOV.UK (Comunicado de imprensa). Arquivado em 1 de novembro de 2023. Recuperado em 1
novembro de 2023.
[302]. "Segunda cimeira mundial da IA garante compromissos de segurança das empresas".
Reuters. 21 de maio de 2024. Recuperado em 23 de maio de 2024.
[303]. "Compromissos de segurança da IA de fronteira, Cimeira de Seul da IA 2024".gov.uk. 21 de maio
2024. Arquivado em 23 de maio de 2024. Recuperado em 23 de maio de 2024.
[304]. Paradoxo de Moravec: Moravec (1988, pp. 15-16), Minsky (1986,
p. 29), Pinker (2007, pp. 190-191)
[305]. A crítica de Dreyfus à IA: Dreyfus (1972),
Dreyfus & Dreyfus (1986) Significado histórico e filosófico
implicações: Crevier (1993), McCorduck (2004), Russell & Norvig (2021),
Fearn (2007, cap. 3)
[306]. Crevier (1993), p. 125.
[307]. Langley (2011).
[308]. Katz (2012).
[308]. Neats vs. scruffies, o debate histórico: McCorduck (2004),
Crevier (1993), Nilsson (1983), Russell & Norvig (2021)
Um exemplo clássico da abordagem "desalinhada" da inteligência: Minsky (1986)
Um exemplo moderno de IA simples e das suas aspirações no século XXI:
Domingos (2015)
[310]. Pennachin & Goertzel (2007).
[311]. Roberts (2016).
[312]. Russell & Norvig (2021), p. 986.
[313]. Chalmers (1995).
[314]. Dennett (1991).
[315]. Horst (2005).
[316]. Searle (1999).
[317]. Searle (1980), p. 1.
[318]. Russell & Norvig (2021), p. 9817.
[319]. O argumento da sala chinesa de Searle: Searle (1980). A apresentação original de Searle
Searle (1999).

Discussão: Russell &Norvig (2021), McCorduck (2004), Crevier (1993).
[320]. Leith, Sam (7 de julho de 2022).
"Nick Bostrom: Como é que podemos ter a certeza de que uma máquina não é consciente?".
O Espectador. Arquivado em 26 de setembro de 2024. Recuperado em 23 de fevereiro de 2024.
[321]. Thomson, Jonny (31 de outubro de 2022). "Por que os robôs não têm direitos?".
Big Think. Arquivado em 13 de setembro de 2024. Recuperado em 23 de fevereiro de 2024.
[322]. Kateman, Brian (2023). "A IA deve ter medo dos humanos".
Tempo. Arquivado em 25 de setembro de 2024. Recuperado em 23 de fevereiro de 2024.
[323]. Wong, Jeff (2023). "O que os líderes precisam de saber sobre os direitos dos robôs".
Fast Company.
[324]. Hern, Alex (12 de janeiro de 2017).
A Comissão Europeia defende a atribuição do estatuto de "pessoa" aos robôs.
The Guardian. ISSN 0261-3077. Arquivado em 5 de outubro de 2024. Recuperado em 23
fevereiro de 2024.
[325]. Dovey, Dana (2018). "Os especialistas não acham que os robôs devam ter direitos".
Newsweek. Arquivado em 5 de outubro de 2024. Recuperado em 23 de fevereiro de 2024.
[326]. Cuddy, A. (2018). "Os direitos dos robôs violam os direitos humanos, alertam os especialistas da UE".
euronews. Arquivado em 19 de setembro de 2024. Recuperado em 23 de fevereiro de 2024.
[327]. A explosão da inteligência e a singularidade tecnológica:
Russell & Norvig (2021), Omohundro (2008), Kurzweil (2005) I. J. Good's
"explosão de inteligência": Good (1965) A "singularidade" de Vernor Vinge:
Vinge (1993).
[328]. Russell & Norvig (2021), p. 1005.
[329]. Transhumanismo: Moravec (1988), Kurzweil (2005),
Russell &Norvig (2021).

Capítulo (3)
O papel da inteligência artificial na melhoria da eficiência energética

3.1. Prefácio

A inteligência artificial será cada vez mais um fator diferenciador para levar os edifícios, as infra-estruturas e as indústrias à sua máxima eficiência energética. Conceitos como a otimização da procura e a flexibilidade energética beneficiarão cada vez mais da interligação das informações fornecidas pela inteligência artificial. Graças à utilização da inteligência artificial e à identificação automática de anomalias e medidas de poupança energética, os decisores poderão dedicar o seu tempo ao que é importante, dando prioridade às acções com maior impacto.

3.2. Transformação energética e inteligência artificial

Na última década, assistimos a uma revolução silenciosa que penetrou em todos os cantos da nossa sociedade: a inteligência artificial (IA). Desde algoritmos explicáveis a sistemas de aprendizagem profunda, a IA tem evoluído a passos largos, ultrapassando mesmo a capacidade humana em tarefas complexas. Mas o que acontece quando juntamos esta poderosa ferramenta a um dos desafios mais prementes do nosso tempo: as alterações climáticas?

As alterações climáticas são uma realidade inegável. As temperaturas estão a aumentar, os padrões meteorológicos estão a alterar-se e os recursos naturais estão ameaçados. Neste contexto, as políticas ambientais tornaram-se um pilar fundamental para atenuar os efeitos das alterações climáticas e promover uma utilização mais sustentável dos recursos energéticos. É aqui que entra em jogo a eficiência energética: a ideia de conseguir mais com menos, utilizando o mínimo de energia possível para obter os mesmos resultados.

Mas poderá a inteligência artificial contribuir para esta causa? A resposta é clara e inequívoca: sim, a IA pode ser um poderoso aliado na procura de uma maior eficiência energética no sector da energia. Neste artigo, vamos analisar algumas das formas como a IA pode fazer a diferença no domínio da eficiência energética.

3.3. Oportunidades para a IA no domínio da eficiência energética

No vasto panorama do sector da energia, surgem três pilares principais: as centrais de produção de energia, as redes de distribuição e, finalmente, os consumidores finais. Neste artigo, vamos centrar-nos nestes últimos, os activos que consomem energia sob a forma de edifícios, infra-estruturas e indústrias.

Em seguida, exploraremos várias oportunidades em que a IA se apresenta como uma ferramenta poderosa para maximizar a eficiência energética nestes consumidores finais:

3.4. Deteção automática de anomalias no consumo de energia

Ao monitorizar o consumo de energia, a IA desenvolve modelos preditivos personalizados para prever padrões de consumo com base em diversas variáveis, como a hora do dia, o clima, o tipo de ativo, a ocupação, a utilização e outros factores relevantes. Ao prever os padrões de consumo, a IA detecta automaticamente desvios invulgares em tempo real.

A deteção de anomalias pode ser efectuada utilizando uma variedade de abordagens:

- Abordagem centrada nos activos: A IA analisa o comportamento específico de um edifício, infraestrutura ou sector. Se o consumo se desviar significativamente do que é esperado, é acionado um alerta.
- Comparação com activos semelhantes: A IA compara o consumo de um ativo com dados de outros activos semelhantes. Isto permite-nos identificar os activos com maior potencial de melhoria e dar prioridade aos esforços.

Entre as vantagens desta deteção inteligente de anomalias:

- Redução do consumo excessivo: A deteção precoce de anomalias evita despesas desnecessárias e contribui para a sustentabilidade.
- Foco estratégico: As empresas com vários activos podem concentrar os seus investimentos onde realmente interessa. A IA identifica os activos com mais espaço para melhorias e onde concentrar os esforços.

3.5. Otimização da procura de sistemas de ar condicionado e de refrigeração

No coração dos nossos edifícios, os sistemas de ar condicionado (AVAC) e de refrigeração desempenham um papel crucial. Ao contrário da iluminação ou das linhas eléctricas, estes sistemas oferecem amplas possibilidades de otimização do seu consumo de energia e de adaptação das condições de funcionamento.

Os sistemas AVAC e de refrigeração são complexos. Desde os equipamentos de produção de frio/aquecimento até aos equipamentos terminais, como os ventiloconvectores ou os aparelhos de ar condicionado, são múltiplas as variáveis que influenciam o seu funcionamento. As condições climatéricas exteriores, as condições térmicas de cada zona, a qualidade do ar, a envolvente do edifício, a ocupação dos espaços e a sua utilização, a presença ou não de energia fotovoltaica ou de baterias ou ainda o preço da energia, influenciam o processo de decisão.

É aqui que a inteligência artificial entra em ação. Ao interligar todos estes dados, a IA gera modelos integrados de previsão e otimização. Estes modelos permitem que as decisões sejam tomadas numa perspetiva global, não se limitando a um elemento específico. Podemos dizer que a IA se torna o cérebro que orquestra todo o equipamento do sistema.

Entre as vantagens proporcionadas por esta gestão inteligente dos sistemas de ar condicionado e de refrigeração:

- Consumo reduzido: A IA ajusta a procura para utilizar a menor quantidade de energia possível para garantir as condições ambientais. Isto não só poupa energia, como também reduz a pegada de carbono do edifício.
- Custos operacionais mais baixos: Menos energia consumida significa menos custos operacionais, permitindo às empresas afetar esses recursos a outras áreas.
- Melhoria das condições ambientais: A IA optimiza as condições de temperatura, humidade e qualidade do ar. Os ocupantes e utilizadores do espaço desfrutam de espaços mais confortáveis e saudáveis.

A Inteligência Artificial (IA) está a remodelar o sector da energia, revolucionando a forma como a energia é produzida, distribuída e consumida. Desde a gestão de redes inteligentes à previsão de energias renováveis e até à segurança das centrais nucleares, a IA está a mudar radicalmente a forma como a indústria energética funciona, conduzindo-a para um futuro mais eficiente, sustentável e seguro.

Exploramos as dez principais aplicações da IA no sector da energia, aprofundando a IA nas energias renováveis, no armazenamento de energia, nas redes inteligentes e muito mais.

3.6. O papel da IA no sector da energia

A inteligência artificial está atualmente a ser utilizada nas energias renováveis e no sector energético em geral, ajudando a aumentar a eficiência e a reduzir os custos. Eis como:

- Redes inteligentes
- Gestão da resposta à procura
- Manutenção preventiva
- Previsão de energias renováveis
- Armazenamento de energia
- Captura, utilização e armazenamento de carbono (CCUS)
- Comércio de energia
- Casas e edifícios inteligentes
- Exploração de petróleo e gás
- Monitorização de centrais nucleares
- Redes inteligentes

A IA pode ajudar a gerir as redes inteligentes, que são redes de fornecimento de eletricidade que utilizam tecnologia de comunicações digitais para detetar e reagir a alterações locais no consumo. Por exemplo, os algoritmos de IA podem prever padrões de consumo utilizando dados históricos e em tempo real, o que pode ajudar os serviços públicos a afetar recursos de forma mais eficiente. Da mesma forma. A IA também pode ajudar a otimizar a atribuição de recursos. Por exemplo, durante períodos súbitos de grande procura, a IA pode melhorar a distribuição de eletricidade, garantindo que a energia é direcionada para onde é mais necessária e evitando o risco de apagões.

As redes inteligentes equipadas com IA também podem detetar falhas ou perturbações na rede, como falhas de equipamento ou interrupções. Os algoritmos de IA podem identificar a localização exacta do problema e reencaminhar a energia para minimizar as interrupções de serviço, reduzir o tempo de inatividade e melhorar a fiabilidade da rede.

3.6.1. Gestão da resposta à procura

A gestão da resposta à procura (DRM) no sector da energia é uma estratégia crucial para otimizar o consumo de eletricidade e garantir a estabilidade da rede eléctrica. Envolve o ajuste da utilização de eletricidade pelos consumidores, principalmente entidades comerciais e industriais, em resposta a sinais dos operadores da rede ou dos fornecedores de energia. Esta prática ajuda a equilibrar a oferta e a procura durante os períodos de pico, inicia o corte de carga para reduzir a tensão na rede e evita a necessidade de actualizações dispendiosas das infra-estruturas.

A IA pode também ajudar a criar uma ligação interactiva entre os fornecedores de energia e os consumidores, permitindo respostas em tempo real às mudanças na procura de energia. Ao prever e gerir as flutuações da procura, a IA pode aumentar a eficiência energética, reduzir os custos e ajudar na transição para as fontes de energia renováveis.

3.6.2. Manutenção Preditiva

Utilizando a IA, as empresas de energia podem prever quando é provável que o seu equipamento falhe ou necessite de manutenção. A aprendizagem automática pode analisar grandes quantidades de dados de várias fontes, como estatísticas de utilização, dados meteorológicos e registos históricos de manutenção, para prever potenciais avarias antes de estas ocorrerem. Esta abordagem minimiza o tempo de inatividade, reduz os custos de reparação e melhora a fiabilidade geral da infraestrutura energética.

3.6.3. Previsão de energias renováveis

A IA desempenha um papel crucial na previsão da produção de energia renovável. Para fontes como a eólica e a solar, que estão sujeitas a variabilidade, os algoritmos de IA analisam as previsões meteorológicas, os dados históricos de produção e as condições em tempo real. Isto permite aos fornecedores de energia prever a quantidade de energia renovável que estará disponível, permitindo um melhor equilíbrio entre a oferta e a procura.

3.6.4. Armazenamento de energia

A IA optimiza o armazenamento e a distribuição de energia proveniente de fontes renováveis. Tendo em conta vários factores, como a procura, a oferta, o preço e as condições da rede, os algoritmos de IA determinam as melhores alturas para armazenar energia, quando a libertar e qual a quantidade a distribuir. Por exemplo, as fontes de energia renováveis, como a eólica e a solar, são intermitentes. No entanto, o armazenamento de energia permite que o excesso de energia gerado durante as horas de ponta seja armazenado e utilizado quando estas fontes não estão a produzir eletricidade. Isto ajuda a tornar as energias renováveis mais fiáveis e menos dependentes das condições meteorológicas.

Além disso, o armazenamento de energia é especialmente crucial para instalações críticas, como hospitais, centros de dados e serviços de emergência, onde o acesso a uma fonte de alimentação de reserva pode ser uma questão de vida ou morte!

3.6.5. Captura, utilização e armazenamento de carbono (CCUS)

A IA aumenta a eficiência dos processos CCUS, optimizando a captura de dióxido de carbono da atmosfera ou das fontes de emissão. Os sistemas orientados por IA podem identificar os métodos mais adequados para utilizar o carbono capturado, seja para processos industriais ou para armazenamento seguro a longo prazo. Esta tecnologia desempenha um papel vital na redução das emissões de gases com efeito de estufa e na atenuação das alterações climáticas.

3.6.6. Comércio de energia

A IA analisa a dinâmica complexa do mercado no comércio de energia. Processa dados em tempo real sobre tendências de preços, procura e oferta, permitindo que as empresas de energia tomem decisões comerciais informadas e rentáveis. A IA também se destaca na gestão do risco, avaliando proactivamente a volatilidade e as incertezas do mercado. A negociação algorítmica executada pela IA funciona à velocidade da luz, executando numerosas transacções em milissegundos. Optimiza as carteiras de energia, simula cenários de mercado, analisa o sentimento, automatiza tarefas e adapta-se continuamente às condições de mercado em mudança. Como tal, a capacidade da IA para identificar padrões e tendências em grandes conjuntos de dados é inestimável para navegar no dinâmico mercado da energia. As suas excepcionais capacidades de reconhecimento de padrões permitem-lhe detetar oportunidades e riscos de mercado que podem escapar aos operadores humanos.

3.6.7. Casas e edifícios inteligentes

O impacto da IA nas habitações e nos edifícios é nada menos do que transformador na procura da eficiência energética, uma vez que a IA os transforma em ecossistemas energeticamente eficientes. Os contadores inteligentes e os dispositivos IoT trabalham em harmonia com a IA para criar ecossistemas inteligentes e reactivos. Estes sistemas monitorizam continuamente o consumo de energia em tempo real, permitindo à IA tomar decisões baseadas em dados que optimizam a utilização da energia.

Considere um cenário em que a IA se encarrega dos sistemas de aquecimento e refrigeração. Ao ter em conta variáveis como as preferências dos utilizadores, os padrões de ocupação e até as condições meteorológicas em tempo real, a IA pode afinar automaticamente as definições de temperatura. Isto resulta não só numa redução do desperdício de energia, mas também num aumento significativo do conforto geral.

3.6.8. Exploração de petróleo e gás

A transformação do sector da exploração de petróleo e gás pela IA é profunda. Ao analisar grandes quantidades de dados geológicos com uma precisão notável, a IA pode identificar potenciais reservas de petróleo e gás que poderiam ter passado despercebidas utilizando métodos tradicionais. Além disso, avalia a viabilidade dessas reservas, orientando os esforços de exploração para as perspectivas mais promissoras. Isto não só melhora a eficiência, como também aumenta significativamente a taxa de sucesso das actividades de exploração, reduzindo o desperdício de recursos e custos.

Além disso, o papel da IA nas operações de perfuração é igualmente impactante. Os modelos preditivos baseados em IA avaliam vários factores, incluindo formações geológicas, desempenho do equipamento de perfuração e condições ambientais, para antecipar potenciais riscos e desafios. Ao fazê-lo, a IA permite que as equipas de perfuração resolvam proactivamente os problemas, melhorem as medidas de segurança e optimizem os processos de perfuração, resultando em operações mais seguras e mais produtivas na indústria do petróleo e do gás.

3.6.9. Monitorização de centrais nucleares

A energia nuclear fornece atualmente cerca de 10% da eletricidade a nível mundial. Nas centrais nucleares, a segurança é primordial, e a IA desempenha um papel fundamental para a garantir. Os sistemas de IA são concebidos para manter uma vigilância sobre todos os aspectos das operações das centrais, funcionando 24 horas por dia, 7 dias por semana, sem fadiga. Estes sistemas analisam continuamente os dados de vários sensores e instrumentos, detectando até as mais pequenas anomalias ou desvios das normas de segurança estabelecidas.

Através de modelos avançados de manutenção preditiva, a IA vai além da identificação de problemas; antecipa potenciais falhas do equipamento, avaliando dados como tendências de desempenho, desgaste e tensões operacionais. Esta capacidade de alerta precoce permite que os operadores das centrais tomem medidas preventivas, resolvendo os problemas antes que estes se transformem em incidentes graves. Assim, o papel da IA nas centrais nucleares é indispensável, uma vez que garante os mais elevados níveis de segurança e ajuda a prevenir acidentes, mantendo a produção fiável de energia limpa.

3.7. Desafios da IA no sector da energia

A adoção da IA no sector da energia não está isenta de desafios.

- **Em primeiro lugar,** há um custo inicial significativo associado à implementação de sistemas de IA e à sua integração na infraestrutura existente. Este custo pode constituir um obstáculo para algumas empresas do sector da energia, em especial as mais pequenas e com orçamentos limitados.

- **Em segundo lugar,** o sector da energia lida com grandes quantidades de dados sensíveis, incluindo informações sobre a rede, dados de clientes e detalhes operacionais. Garantir a segurança destes dados é fundamental e os sistemas de IA devem ser protegidos contra ciberameaças e violações. A conformidade com os regulamentos de privacidade de dados, como o GDPR, acrescenta uma camada extra de complexidade.

Além disso, existe uma escassez de profissionais de IA com formação que compreendam tanto o sector da energia como as tecnologias de IA. Esta escassez de conhecimentos especializados pode abrandar a adoção e o desenvolvimento de soluções de IA no sector, tornando essencial investir na educação e na formação para colmatar esta lacuna.

3.8. O futuro da IA no sector da energia

A IA é muito promissora no sector da energia e continuará a desempenhar um papel na otimização da produção, distribuição e consumo de energia. Podemos esperar soluções cada vez mais sofisticadas baseadas em IA que melhoram a eficiência das fontes de energia renováveis, aumentam a estabilidade da rede e reduzem as emissões de gases com efeito de estufa. As redes inteligentes e a gestão da resposta à procura tornar-se-ão mais prevalecentes, permitindo aos consumidores gerir ativamente o seu consumo de energia. A manutenção preditiva reduzirá o tempo de inatividade e aumentará a fiabilidade do equipamento. A IA também contribuirá para os esforços de captura e armazenamento de carbono, ajudando na luta contra as alterações climáticas. À medida que a tecnologia avança e a IA se torna mais integrada nos sistemas energéticos, podemos prever um panorama energético mais sustentável e eficiente.

3.9. Implementação da IA nas empresas

Para implementar com sucesso a IA nas suas operações, as organizações do sector energético têm de reconhecer a importância de contratar o talento certo. As tecnologias de IA são complexas e estão a evoluir rapidamente, exigindo uma força de trabalho com competências especializadas e experiência em áreas como a aprendizagem automática, a ciência dos dados e a programação informática. À medida que o sector energético adopta cada vez mais soluções orientadas para a IA, a procura de talentos em IA irá aumentar, tornando essencial que as organizações invistam no recrutamento e retenção de indivíduos qualificados que compreendam tanto os meandros da IA como os desafios únicos do sector energético. Ao fazê-lo, podem garantir a integração bem-sucedida das tecnologias de IA e manter-se competitivas num cenário em evolução.

Na FDM, especializamo-nos na formação de diversos talentos para satisfazer as necessidades dos nossos estimados clientes. Fornecemos formação abrangente aos nossos consultores, equipando-os com os conhecimentos e as competências necessárias para implementar soluções revolucionárias de IA e fazer uma diferença real nas instalações dos clientes. Para além disso, oferecemos programas de formação e apoio contínuos para garantir que os nossos consultores estão satisfeitos com as suas funções e estão sempre a aprender para que possam ser a melhor versão de si próprios.

Capítulo (4)
Inteligência artificial Armazenamento de energia

4.1. Prefácio

Prevêem-se também maiores investimentos em soluções de energia verde, incluindo sistemas de armazenamento de energia com IA, na sequência da crise energética mundial. Ao mesmo tempo, a concorrência neste sector continua a ser média, se não mesmo fraca. Nesta preocupação, na presente parte do trabalho, estamos a partilhar conhecimentos sobre a criação de software de IA para armazenamento de energia, a discutir os casos de utilização e os benefícios da IA no sector da energia e a identificar as bases necessárias para criar um software robusto alimentado por IA.

4.2. Tecnologias de armazenamento de energia baseadas em IA

O armazenamento de energia por IA oferece vantagens como a utilização inteligente da energia e a poupança de custos e recursos. Estas soluções são amigas do ambiente e adequadas para utilização numa vasta gama de áreas, incluindo residências, instalações e aplicações industriais.

Depois de a IA ter sido associada a sistemas de bateria, registou-se um aumento acentuado do número de sistemas que implementaram a tecnologia. As instalações de armazenamento de energia nos EUA cresceram 196% para 2,6 GW em 2021, enquanto na Austrália as instalações de armazenamento de energia ultrapassaram 1 GWh pela primeira vez, incluindo 756 MWh de projectos não residenciais, na sua maioria de grande escala.

Um sistema de armazenamento de energia em baterias (BESS) recolhe energia de várias fontes e armazena-a em baterias recarregáveis para utilização posterior. Os BESS existem em diferentes tamanhos, desde pequenos aparelhos domésticos a grandes sistemas industriais. Um BESS pode ser utilizado para reduzir as facturas de eletricidade domésticas, aumentar a resistência de uma casa, melhorar a eficiência energética, poupar dinheiro e ajudar a proteger o ambiente através de um consumo inteligente de energia.

Um sistema de armazenamento de energia por bateria.

As BESS mais conhecidas são as baterias de iões de lítio, uma vez que são largamente utilizadas em telemóveis e automóveis eléctricos. Atualmente, é a tecnologia de armazenamento dominante nas centrais de grande escala para ajudar as redes eléctricas a garantir um fornecimento fiável de energia renovável.

No entanto, o mundo científico e da engenharia já está a trabalhar em tecnologias alternativas - baterias de chumbo-ácido, níquel-cádmio, sódio-enxofre e de fluxo - para ultrapassar os inconvenientes das baterias de iões de lítio, como a inflamabilidade, o preço elevado e a intolerância a temperaturas extremas.

Independentemente do tipo de bateria, um BESS é um sistema de grandes dimensões que pode conter 100 ou mais componentes individuais. É normalmente constituído por:

- Um sistema de bateria composto por inúmeras células de bateria que transformam energia química em eletricidade.
- Um sistema de gestão de baterias (BMS) para monitorizar e medir as células da bateria e proteger as baterias de todos os tipos de perigos.
- Inversores ou sistemas de conversão de energia (PCS) que convertem a corrente contínua (DC) gerada pelas baterias em corrente alternada (AC) utilizada nas instalações.
- Outros elementos necessários para manter o desempenho do BESS (sistemas de alarme de incêndio, controladores de temperatura e de incêndio).

O BMS (o sistema de monitorização e gestão) assenta em soluções de software e na eletrónica. Todos os anos, estas soluções de software melhoram e tornam-se mais inteligentes, permitindo uma gestão de energia mais conveniente para os consumidores. Por exemplo, os sistemas mais recentes utilizam ativamente algoritmos de IA para otimizar a gestão da energia. Vejamos como é que a IA melhora exatamente os sistemas de armazenamento de baterias.

4.3. A IA torna os sistemas de armazenamento inteligentes

No sector da energia verde, as operações e a manutenção eram tradicionalmente consideradas como tarefas básicas: manutenção e limpeza, monitorização da saída do painel e das condições do inversor, etc. À medida que os BESS foram sendo adicionados, surgiram inúmeros casos de utilização - incluindo a capacidade de otimizar o armazenamento para reduzir os custos, melhorar a resiliência e a sustentabilidade do sistema e recolher dados para realizar análises preditivas. Como se tornou impossível para os operadores humanos processarem as enormes quantidades de dados que chegam constantemente, a IA é essencial. Vamos analisar mais de perto como a IA pode tornar os BESSs mais inteligentes:

4.4. Gestão da procura de energia

Utilizando a IA, um sistema BESS equilibra a carga durante as horas de ponta e fora de ponta com base no dia, hora, estação ou clima. Por exemplo, a aplicação Evergen utiliza a IA para monitorizar as previsões meteorológicas e depois calcular a quantidade de energia que deve ser armazenada. Mais tarde, o sistema distribui a eletricidade armazenada durante os dias de chuva, quando os sistemas solares instalados não conseguem produzir energia suficiente.

4.5. Arbitragem

A IA permite a arbitragem energética (também conhecida como time-shifting) em resposta à flutuação dos preços da eletricidade. Durante as horas de vazio, a energia é comprada a um preço mais baixo e depois vendida ou consumida quando o preço sobe. Por conseguinte, os armazenamentos de energia com IA são capazes de igualar os preços da energia e minimizar os riscos, independentemente da estação do ano ou da procura de eletricidade.

4.5. Previsões meteorológicas

Nem sempre é fácil estimar a quantidade de energia renovável que será produzida hoje ou amanhã. Para ajudar a resolver este problema, os sistemas de IA utilizam uma combinação de dados meteorológicos e de satélite, modelos numéricos de previsão meteorológica e análise estatística para fazer previsões de produção e consumo de energia.

4.6. Manutenção preditiva

O armazenamento de energia com IA permite que os operadores actuem imediatamente para manutenção preventiva. Ao recolher dados de diferentes sensores e depois compará-los com dados históricos, a IA aprende a detetar erros e anomalias típicos numa série de subsistemas (eléctricos, químicos, termodinâmicos) e a notificar os operadores antes de ocorrer uma falha. Isto ajuda a reduzir os tempos de inatividade, a melhorar a vida útil dos sistemas de armazenamento e, consequentemente, a aumentar o lucro.

Um bom exemplo de software para armazenamento de energia com IA é a aplicação Evergen, um projeto em que a MadAppGang trabalhou. Para a Evergen, a nossa equipa desenvolveu uma plataforma alimentada por IA para a utilização optimizada dos recursos energéticos solares e de bateria através do comércio e distribuição de energia, prevenção de picos de procura, serviços de resposta à procura e gestão da estabilização da rede.

A aplicação ajuda os clientes da Evergen a tirar o máximo partido dos seus painéis solares com o mínimo de esforço. Além disso, este sistema pode funcionar como um operador de Central Eléctrica Virtual (VPP), uma vez que fornece funções de negociação, despacho de activos e transacções financeiras.

4.7. Um exemplo de software alimentado por IA para BESSs.

4.7.1. Criação de software inteligente para armazenamento de energia

Hoje, mais do que nunca, é necessária a IA no armazenamento de energia. A IA promove a utilização de energias renováveis e simplifica a luta por um ar mais limpo, custos de energia mais baixos, etc. O software BESS inteligente facilita a utilização de energia verde, simplifica a manutenção e aumenta a vida útil da bateria. E o mercado ainda é muito amigável para os recém-chegados, por isso, agora é o momento certo para iniciar o seu projeto neste sector.

No entanto, não se esqueça de que o sector energético moderno necessita de soluções de software avançadas, e não se trata apenas de IA. Em suma, é possível introduzir a IA em algumas aplicações monolíticas. Mas caso opte por construir uma estrutura monolítica, esteja preparado para problemas com a gestão e o dimensionamento da plataforma desde o início. Uma abordagem nativa da nuvem é o que você precisa para um software robusto e escalável que pode fornecer tecnologias avançadas como a IA para o mercado.

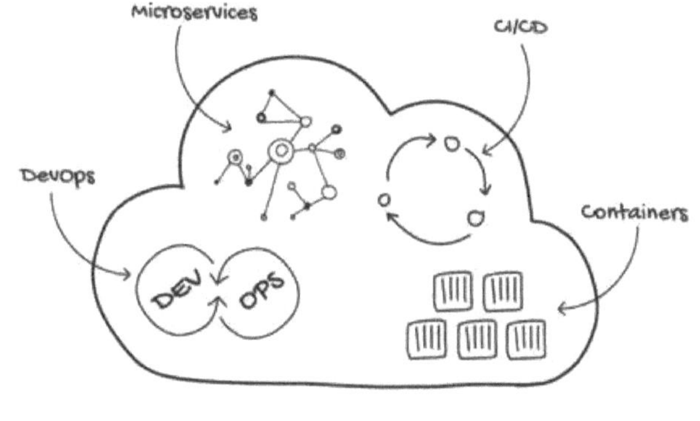

Uma representação esquemática de uma aplicação nativa da nuvem.

Uma abordagem nativa da nuvem é a maneira mais rápida e eficiente de criar uma solução escalável. E, a longo prazo, também compensa. Com um elevado grau de automatização e serviços geridos por fornecedores de serviços na nuvem, pode gerir o seu software com uma equipa mais pequena. Pode responder instantaneamente ao crescimento do tráfego sem problemas.

Uma nova funcionalidade, atualização ou correção de serviço não afecta toda a aplicação, pelo que não há tempo de inatividade. Também pode reduzir a escala da sua aplicação, se necessário. Isto significa que utiliza menos serviços nas horas de ponta e paga menos pelo alojamento.

O desenvolvimento nativo da nuvem pode parecer um processo complicado, mas o resultado vale a pena. Além disso, se confiar o seu projeto de armazenamento de energia AI a uma equipa de desenvolvimento experiente como a MadAppGang, pode ter a certeza de que tudo corre bem. Com a nossa equipa de especialistas, obterá uma solução flexível, escalável e inteligente em tempo recorde. Ligue-nos hoje e vamos discutir como a abordagem nativa da nuvem e a MadAppGang podem ajudar o seu negócio a prosperar.

Capítulo (5)
A Inteligência Artificial como aliada da

Transição energética

5.1. Digitalização

Actividades como a queima de combustíveis fósseis, a desflorestação ou práticas industriais, pecuárias e agrícolas deficientes contribuem para as emissões de dióxido de carbono, que atingiram um novo recorde mundial de mais de 40 mil milhões de toneladas métricas em 2022. Consequentemente, o aquecimento global continua a intensificar-se. A superfície dos oceanos está a aquecer 24% mais depressa do que há algumas décadas, o que resulta em erosão costeira e tempestades mais graves.

Os últimos sete anos foram os mais quentes desde 1940, reduzindo a quantidade de terra disponível para a agricultura, dificultando o acesso à água e aumentando o risco de incêndios florestais, que estão a tornar-se cada vez mais devastadores. Tudo isto tem um impacto social e económico global, como a escassez de alimentos e o consequente aumento dos preços, os movimentos populacionais em massa causados por catástrofes naturais e o aumento da pobreza nos países com menor capacidade de adaptação aos efeitos das alterações climáticas.

5.2. O papel da IA na transição energética

Alcançar a neutralidade carbónica na Europa até 2050 para combater as alterações climáticas exige um compromisso das sociedades, dos governos e das empresas, desempenhando as empresas do sector da energia um papel fundamental na resposta a este desafio. A transição energética, enquanto vetor de descarbonização, implica uma profunda transformação do modelo e da tecnologia energética. A inteligência artificial é um grande aliado ao longo de toda a cadeia de valor da energia para ajudar a enfrentar este desafio.

Na produção de eletricidade, a IA optimiza a produção de energia renovável, evita cortes de energia graças à monitorização preditiva e pode mesmo paralisar um parque eólico para evitar prejudicar as espécies protegidas que por ele passam.

Nas instalações industriais, identifica áreas para melhoria da eficiência energética e ajuda a planear estratégias de produção mais eficazes e a prevenir riscos ambientais, detectando padrões de comportamento anómalos em tempo real.

Abre os mercados da eletricidade a um número crescente de intervenientes, proporcionando flexibilidade ao sistema elétrico e ajudando-o a tornar-se mais sustentável. Além disso, ajuda a otimizar a gestão da rede, racionalizando os seus pedidos de extensão, prevendo a procura, contribuindo para a deteção precoce de falhas, optimizando a gestão dos recursos energéticos distribuídos e do armazenamento, e até protegendo o ambiente da rede, ao destacar riscos como os de incêndios e ao emitir alarmes que desencadeiam acções para os mitigar.

5.3. Desafios da implementação da IA

No entanto, há também desafios associados à implementação da IA a nível mundial, porque se os sistemas de IA forem treinados com base em dados tendenciosos ou insuficientes, podem tomar decisões pouco éticas ou insustentáveis. Além disso, a automatização das tarefas pode levar a uma redução da procura de certos empregos. Uma dependência excessiva da IA pode resultar na vulnerabilidade do sistema em caso de falhas tecnológicas ou ciberataques, e a implementação desta tecnologia pode ser dispendiosa, criando potencialmente desigualdades no que diz respeito à sua adoção.

Do ponto de vista ambiental, a sua aplicação requer grandes servidores que podem exigir a extração intensiva de recursos naturais. O funcionamento dos modelos de IA consome energia e a rápida evolução da tecnologia pode levar à rápida obsolescência do equipamento, aumentando assim os resíduos electrónicos.

5.4. Medidas estratégicas para a implementação da IA

Maximizar os benefícios da IA e, ao mesmo tempo, mitigar os riscos potenciais implica a recolha de dados relevantes e de qualidade, a formação ética dos algoritmos, a aplicação de medidas de cibersegurança e a manutenção de uma supervisão humana ativa e constante para tomar decisões éticas e responsáveis. Além disso, é necessário estabelecer um quadro colaborativo e regulamentar que permita a I&D para garantir abordagens mais abrangentes, o recrutamento e a formação de profissionais especializados, bem como a adoção responsável da IA e, por último, alimentar as infra-estruturas com energias renováveis, incentivar a I&D de modelos mais eficientes do ponto de vista energético, implementar programas de reciclagem e realizar avaliações do ciclo de vida das soluções de IA para reduzir o seu impacto ambiental.

As empresas devem estar empenhadas em explorar todas as possibilidades oferecidas pela IA, sendo responsáveis pela forma como a utilizam e estabelecendo os mecanismos que lhes permitam dimensionar e avaliar o seu verdadeiro impacto. Por conseguinte, é essencial dispor de um quadro de governação abrangente que ajude a alinhar a estratégia de IA com a estratégia empresarial e que abranja todo o ciclo de vida da IA.

As empresas devem também criar confiança entre os seus clientes com base na capacidade de explicação, adaptando-se simultaneamente a novas regulamentações que garantirão uma IA segura, imparcial, ética e transparente.

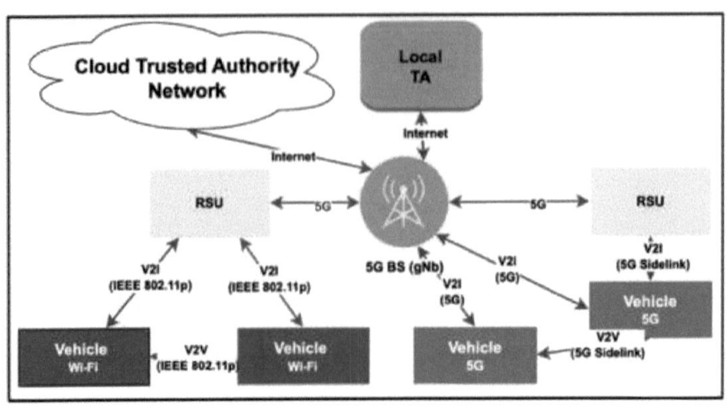
Cloud Trusted Authority Network
Local TA
Internet
Internet
RSU
5G
5G
RSU
5G BS (gNb)
V2I
(IEEE 802.11p)
V2I
(IEEE 802.11p)
V2I
(5G)
V2I
(5G)
V2I
(5G Sidelink)
Vehicle
5G
Vehicle
Wi-Fi
V2V
(IEEE 802.11p)
Vehicle
Wi-Fi
Vehicle
5G
V2V
(5G Sidelink)

Capítulo (6)
Previsões sobre IA e energia solar

6.1. Prefácio

As alterações climáticas são um dos maiores desafios da humanidade, com impacto na nossa sociedade, nos ecossistemas, na saúde e na economia. O progresso humano tem-se baseado no aproveitamento de fontes de energia cada vez mais densas: da madeira ao carvão, ao petróleo e, mais recentemente, à fissão nuclear. No entanto, esta dependência dos combustíveis fósseis tem um custo. A queima destes combustíveis liberta gases com efeito de estufa, especialmente dióxido de carbono (CO2), para a atmosfera, levando a uma série de efeitos prejudiciais. O mais significativo destes efeitos é o aumento constante das temperaturas médias globais desde a década de 1960, resultando em padrões climáticos imprevisíveis e fenómenos extremos como tornados, incêndios florestais, secas e inundações.

A Inteligência Artificial (IA) está a emergir como uma ferramenta muito poderosa para enfrentar os desafios das alterações climáticas. A capacidade da IA de analisar grandes quantidades de dados, prever resultados e otimizar recursos torna-a inestimável nesta luta. Na Tryolabs, aproveitamos a nossa experiência em IA para desenvolver soluções que abordam diversos problemas no espaço mais alargado da IA para o Bem Social (AI4SG). Nesta preocupação, vamos ilustrar um ensaio para reduzir as emissões de gases com efeito de estufa através de soluções técnicas centradas na melhoria da previsão da produção de painéis solares, contribuindo para o objetivo mais amplo de melhorar as soluções de energias renováveis para um futuro mais sustentável.

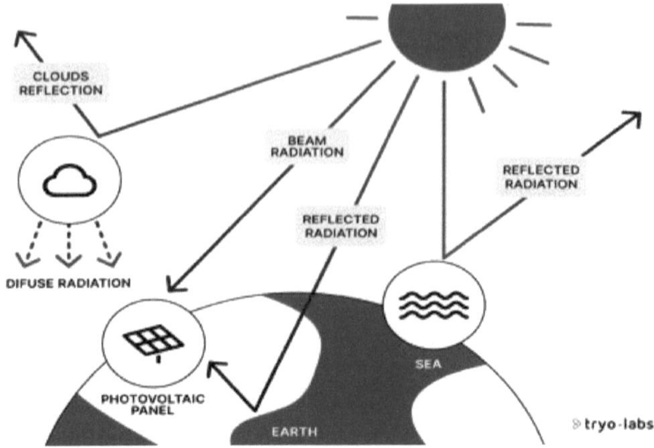

Caminhos da radiação solar para os painéis fotovoltaicos.

6.2. Complexidade da gestão da energia

A eletricidade de que dependemos provém de uma mistura de fontes, como o carvão, o gás natural, a energia nuclear e as centrais renováveis, que, em conjunto, constituem a rede eléctrica. A combinação destas fontes varia consoante a localização geográfica e as políticas energéticas locais. Alguns países, como os Estados Unidos, dependem maioritariamente de combustíveis fósseis, enquanto outros, como o Uruguai, têm uma matriz energética predominantemente verde.

A gestão da rede eléctrica exige um equilíbrio complexo entre a oferta e a procura em tempo real para manter a estabilidade. Os serviços públicos em vários países utilizam métodos avançados de previsão e mantêm reservas de capacidade para garantir um fornecimento consistente de eletricidade. Estas previsões tornam-se mais exactas à medida que se aproxima o momento da procura. Inicialmente, as previsões abrangem períodos de tempo mais alargados, como um dia inteiro, com uma maior margem de erro. No entanto, à medida que a hora específica da procura se aproxima, as previsões tornam-se mais precisas, aumentando a fiabilidade da rede e reduzindo o risco de falhas de energia.

A integração de fontes de energia renováveis, como os painéis solares, aumenta a complexidade devido à sua produção flutuante, influenciada pelas condições climatéricas e pela disponibilidade de luz solar. Por conseguinte, é vital prever com exatidão a produção de energia solar para incorporar sem problemas a energia solar na rede.

Melhorar a precisão das previsões de energias renováveis permite aos operadores de rede confiar mais nas fontes renováveis e reduzir a necessidade de energia baseada em combustíveis fósseis. Isto permite um planeamento e uma gestão mais eficientes dos recursos energéticos, reduz os custos operacionais associados à manutenção dos geradores a combustíveis fósseis em standby e contribui para uma rede eléctrica mais eficiente e sustentável. As previsões exactas são essenciais para o sucesso da transição para sistemas de energias renováveis.

Compreender estas complexidades da gestão de energia realça a necessidade de melhorar a previsão. Continue a ler para descobrir como a IA pode revolucionar a previsão e a integração da energia solar na rede.

6.3. Otimização da energia solar

6.3.1. Objetivo do Open Climate Fix

O OCF luta contra as alterações climáticas utilizando dados de fonte aberta e aprendizagem automática para criar soluções práticas. A sua missão é reduzir as emissões de gases com efeito de estufa e acelerar a transição para as energias renováveis. O OCF centra-se em projectos colaborativos, tirando partido dos dados e da IA para melhorar a previsão e a eficiência em áreas como a produção de energia solar, o armazenamento de energia e a gestão da rede. Ao tornar a sua investigação e as suas ferramentas de código aberto, o seu objetivo é promover a inovação e permitir a adoção generalizada de práticas sustentáveis. Tirando partido de tecnologias de ponta como a IA, o OCF esforça-se por melhorar a exatidão das previsões energéticas, conduzindo, em última análise, a um futuro energético mais sustentável e eficiente.

Um dos mais recentes projectos do OCF aborda o complexo desafio de utilizar a IA para prever a produção de energia dos painéis solares com 48 horas de antecedência. Este projeto visa criar uma ferramenta de código aberto para prever a energia solar que seja acessível e benéfica para todos. Para o efeito, utiliza dados sobre a localização do painel, caraterísticas específicas e diversas variáveis meteorológicas.

A previsão da produção de energia de um painel fotovoltaico é um desafio multifacetado. As condições climatéricas, como a temperatura e a cobertura de nuvens, têm um impacto significativo na produção de energia do painel. Além disso, o mapeamento exato da localização e da inclinação das instalações solares existentes pode ser difícil, uma vez que muitas instalações são feitas por particulares ou empresas que não são obrigadas a comunicar as suas configurações.

Os metadados dos painéis e a verdade fundamental da produção de energia solar foram obtidos a partir do conjunto de dados fotovoltaicos do Reino Unido, enquanto os dados meteorológicos foram obtidos a partir do Open-Meteo, uma API meteorológica de código aberto. O conjunto completo de variáveis meteorológicas utilizadas, juntamente com as suas descrições, é apresentado no quadro abaixo.

Variável	Descrição
Temperatura a 2m (ºC)	Temperatura do ar a 2 metros acima do solo.
Humidade relativa a 2m (%)	Humidade relativa a 2 metros acima do solo.
Ponto de orvalho a 2m (ºC)	Temperatura do ponto de orvalho a 2 metros acima do solo.
Precipitação (chuva + neve) (mm)	Soma da precipitação total (chuva, aguaceiros, neve) da hora anterior.
Pressão à superfície (hPa)	Pressão atmosférica reduzida ao nível médio do mar (msl) ou pressão à superfície. Normalmente, a pressão ao nível médio do mar é utilizada em meteorologia. A pressão à superfície diminui com o aumento da altitude.
Cobertura de nuvens Total (%)	Cobertura total de nuvens como uma fração de área.
Cobertura de nuvens baixas (%)	Nuvens de baixo nível e nevoeiro até 3 km de altitude.
Cobertura de nuvens Média (%)	Nuvens de nível médio de 3 a 8 km de altitude.
Cobertura de nuvens Alta (%)	Nuvens de alto nível a 8 km de altitude.
Velocidade do vento a 10m (km/h)	Velocidade do vento a 10, 80, 120 ou 180 metros acima do solo. A velocidade do vento a 10 metros é o nível padrão.
Direção do vento (10m)	Direção do vento a 10 metros acima do solo
É dia ou noite	1 se o intervalo de tempo atual tiver luz do dia, 0 à noite
Radiação solar direta (W/m2)	Radiação solar direta como média da hora anterior no plano horizontal e no plano normal (perpendicular ao sol).
Radiação solar difusiva DHI (W/m2)	Radiação solar difusa como média da hora anterior.

A API Open-Meteo fornece dados até ao presente com resolução horária, enquanto os dados de produção de energia a partir de painéis solares no conjunto de dados fotovoltaicos do Reino Unido abrangem o período de 2018 a 2021. Por conseguinte, o nosso estudo restringiu-se a este período. Os dados foram submetidos a uma análise e preparação cuidadosas, incluindo a remoção de valores atípicos, como a produção de energia solar nocturna, períodos prolongados de zero medições e painéis com distribuições de energia significativamente desviantes.

Para melhorar o desempenho, substituímos o anterior modelo Gradient Boosting por um modelo XGBoost; ambos baseados na aprendizagem em conjunto utilizando Árvores de Decisão. O algoritmo constrói uma série sequencial de árvores de decisão pouco profundas, com cada árvore a tentar corrigir os erros da sua antecessora, resultando num modelo com elevada capacidade de previsão. Embora ambos os modelos partilhem uma abordagem algorítmica fundamental, o XGBoost oferece vantagens distintas em relação ao Gradient Boosting convencional. Foi concebido para ser extremamente rápido e escalável, o que o torna adequado para lidar com grandes conjuntos de dados. Além disso, inclui técnicas de regularização incorporadas que ajudam a reduzir o excesso de ajuste, aumentando ainda mais a sua eficácia.

O novo modelo foi treinado e validado com dados de 1.147 painéis de energia solar, com testes em 37 painéis adicionais que foram excluídos do conjunto de treinamento. Todos os painéis estão localizados no Reino Unido. Foi efectuada uma afinação detalhada dos hiper-parâmetros utilizando o Optuna, reduzindo o erro de previsão de 0,19kW para 0,12kW no conjunto de teste, o que representa uma melhoria de 37% em relação ao modelo original. A figura ilustra as localizações e os erros dos 37 painéis de teste.

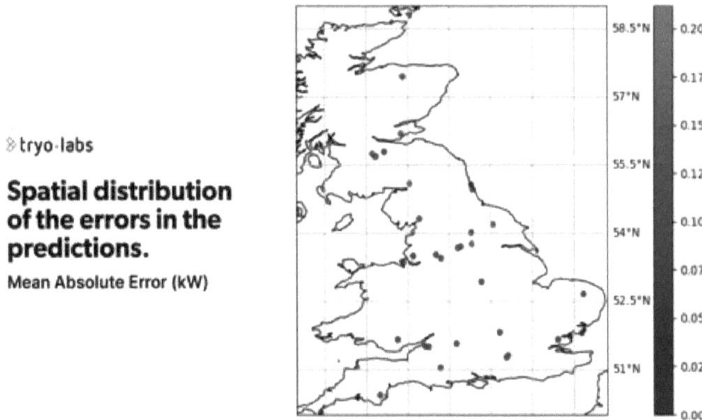

Distribuição espacial dos erros nas previsões.

Além disso, a figura mostra um exemplo de uma previsão de 48 horas para um painel solar comparada com as observações reais. São apresentadas as previsões de ambos os modelos, o modelo Gradient Boosting e o modelo XGBoost. Neste gráfico, o modelo Gradient Boosting subestima claramente as observações. No entanto, é importante notar que este gráfico representa apenas um exemplo e não é indicativo de todas as previsões.

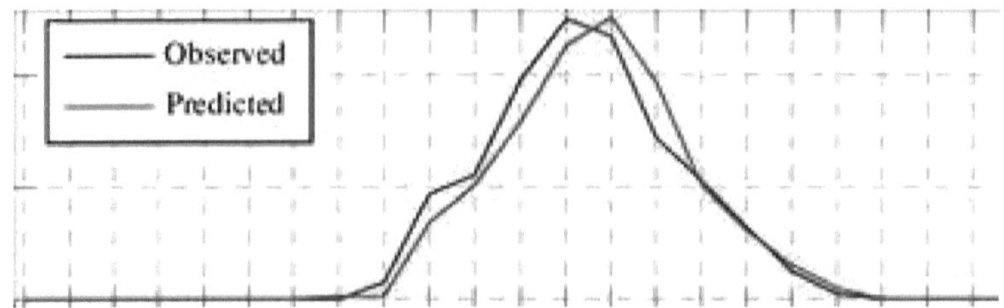

Exemplo de previsão comparada com as observações reais para um painel solar durante um período de 48 horas.

Além de melhorar a precisão, o novo modelo reduziu significativamente os requisitos de memória e computação, permitindo parâmetros avançados na implementação do XGBoost. Por exemplo, a otimização do processo de treinamento das árvores de decisão individuais reduziu o número de divisões necessárias e diminuiu o tempo de treinamento. Mais detalhes sobre esses parâmetros podem ser encontrados na documentação do XGBoost. Esta redução dos recursos computacionais tornou viável o treino em computadores menos potentes, aumentando a acessibilidade do projeto.

O modelo desenvolvido permite prever a produção de energia solar de painéis específicos com uma antecedência de até 48 horas, tendo em conta a localização e os metadados do painel. Uma visão geral esquemática da aplicação pode ser vista na Figura.

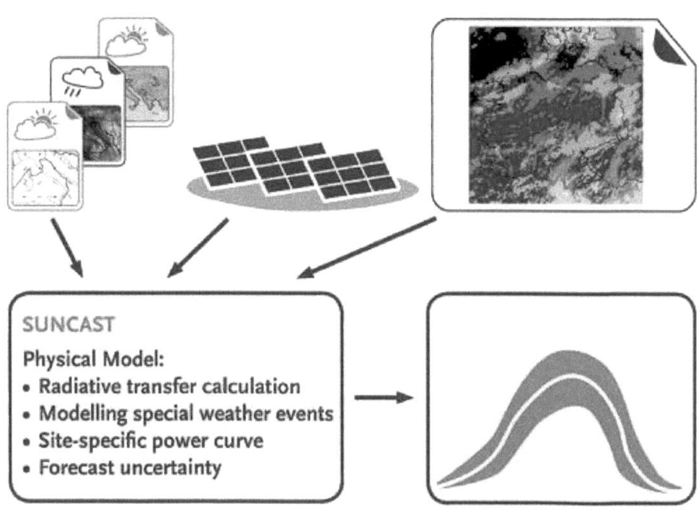

Previsões sobre a energia solar

Os dados e o código utilizados para treinar este modelo são inteiramente de código aberto, permitindo que investigadores, programadores e entusiastas contribuam para melhorar ainda mais a previsão da energia solar. O modelo foi treinado e avaliado utilizando dados de painéis de energia solar no Reino Unido. Embora o modelo possa ser aplicado globalmente, recomenda-se cautela ao utilizá-lo fora dos limites geográficos do conjunto de dados de treino, uma vez que diferentes regiões podem apresentar padrões únicos de radiação solar, clima e tecnologia de painéis, o que pode afetar a precisão da previsão. Convidamos a comunidade global a participar neste projeto, contribuindo com dados de outras áreas geográficas, testando o modelo em novos contextos ou mesmo desenvolvendo novas aplicações.

Atualmente, não está disponível uma aplicação Web fácil de utilizar, pelo que o modelo tem de ser executado em Python. Um exemplo de como instalar todas as dependências necessárias e aplicar o modelo é fornecido neste caderno do Colab.

Capítulo (7)
Inteligência Artificial e Exploração Espacial

7.1. Prefácio

A inteligência artificial (IA) está a transformar numerosas indústrias, e a exploração espacial não é exceção. À medida que nos aventuramos mais profundamente no cosmos, a IA torna-se mais crítica para ultrapassar os desafios dos longos desfasamentos de comunicação, lidar com conjuntos de dados maciços e permitir sistemas autónomos de exploração planetária robótica.

Crédito da imagem:Frame Stock Footage/Shutterstock.com

7.2. Processamento de volumes de dados extremos

O aumento exponencial dos dados espaciais captados por satélites, telescópios e sondas interplanetárias requer as capacidades analíticas da IA. Os instrumentos espaciais modernos geram diariamente terabytes de dados - muito mais do que os cientistas podem examinar manualmente.

A automatização da IA ajuda a classificar e a processar fluxos de imagens, leituras de sensores e dados espectrais. Por exemplo, a NASA emprega a IA no Mars Reconnaissance Orbiter, que utiliza técnicas de IA para filtrar e dar prioridade a mais de seis megabits por segundo de dados. Os cientistas treinaram estes algoritmos de IA para reconhecer as principais caraterísticas de milhares de milhões de imagens da superfície de Marte. Além disso, os astrónomos utilizam a IA para analisar conjuntos de dados astronómicos. Os cientistas treinaram redes neuronais para identificar exoplanetas a partir de curvas de luz captadas pelo telescópio espacial Kepler. Estas ferramentas de IA também reconhecem e classificam tipos de galáxias e aglomerados de estrelas com base no movimento partilhado.

A NASA colaborou com a Google para treinar algoritmos de IA extensivos para analisar dados da missão de exoplanetas Kepler, o que levou à descoberta de dois novos exoplanetas, Kepler-90i e Kepler-80g, que os cientistas tinham anteriormente ignorado. Este sucesso levou à utilização de IA nos dados da missão TESS da NASA para identificar exoplanetas candidatos.

"Novas formas de olhar para os dados - como esta investigação em fase inicial para aplicar algoritmos de aprendizagem automática - prometem continuar a produzir avanços significativos na nossa compreensão dos sistemas planetários em torno de outras estrelas. Tenho a certeza de que há mais estreias nos dados à espera que as pessoas as encontrem." Jessie Dotson, cientista do projeto Kepler no Centro de Investigação Ames da NASA.

Numa investigação publicada na revista Astronomy and Astrophysics, liderada pelo investigador Miguel Vioque, da Universidade de Leeds, a IA foi introduzida na análise de dados do telescópio espacial Gaia. Isto levou à descoberta de 2.000 proto-estrelas, uma melhoria substancial em relação à anterior identificação de apenas cerca de 100 estrelas pelos cientistas antes de adoptarem técnicas de IA e de aprendizagem automática.

7.3. Histórias relacionadas

- Women in STEM: In Conversation with Assistant Professor Jennifer Choy (Mulheres nas áreas STEM: Em conversa com a Professora Assistente Jennifer Choy),
- Google Quantum AI apresenta novo processador quântico supercondutor,
- Um filamento adequado para o espaço - Está provado que a seda prospera no espaço exterior Tempe-ratures.

A IA é muito promissora para automatizar a análise de dados espectrais de futuras missões a locais como a lua de Saturno Enceladus, onde o processamento rápido a bordo será essencial para identificar possíveis sinais de vida extraterrestre microbiana em plumas de gelo que emanam de um oceano subterrâneo.

7.4. Possibilitar a exploração planetária robótica autónoma

A IA capacita os rovers robóticos em superfícies planetárias como Marte, fornecendo autonomia avançada para tarefas como a navegação baseada na visão, o planeamento de percursos, a deteção de objectos e a priorização adaptativa da missão, permitindo-lhes atravessar terrenos acidentados e desconhecidos utilizando mapas a bordo e dados de sensores. Por exemplo, os rovers Curiosity e Perseverance da NASA utilizam o AEGIS, um poderoso sistema de IA, para construir mapas 3D autónomos do terreno e identificar caraterísticas rochosas e a composição do solo. Pode mesmo recomendar as actividades do dia com base na complexidade do terreno, no consumo de energia e no valor científico.

Estas capacidades inteligentes tornar-se-ão vitais à medida que as futuras missões dos rovers se dirigirem a destinos mais distantes, com maiores atrasos de comunicação com a Terra, como os planetas gasosos e as suas luas geladas. Além disso, a IA permite uma navegação autónoma e uma ciência adaptável; os rovers podem responder imediatamente às descobertas, em vez de esperar por comandos atrasados.

A IA também ajuda na entrada, descida e aterragem (EDL) - a fase mais arriscada que as sondas enviadas para Marte enfrentam. As capacidades de entrada guiada autónoma, utilizadas pela primeira vez pelo Laboratório de Ciência de Marte, permitem a correção da trajetória comparando os dados dos sensores em tempo real com mapas de superfície de alta resolução para alcançar com precisão as zonas de aterragem designadas.

À medida que as agências planeiam missões robóticas mais ambiciosas, a IA proporciona a autonomia avançada necessária para explorar ambientes hostis e alienígenas.

7.5. Apoiar a saúde dos astronautas

O desgaste mental e físico durante as missões de vários anos cria a necessidade de melhorar os cuidados médicos dos astronautas. A IA é promissora para melhorar os futuros sistemas de apoio à tripulação.

Ao integrar fluxos de dados multimodais - desde sensores que monitorizam o ritmo cardíaco e a temperatura da pele até ao registo de padrões de exercício e de sono - a análise preditiva da saúde com recurso à IA pode permitir intervenções personalizadas adaptadas a cada astronauta. A combinação holística de sinais vitais em tempo real, indicadores comportamentais e condições ambientais permite diagnósticos sofisticados, avisos precoces de risco e planos de tratamento personalizados. Por exemplo, o Crew Interactive Mobile Companion (CIMON), concebido pela Airbus, IBM e o Centro Aeroespacial Alemão, é um robô de IA controlado por voz que voou para a Estação Espacial Internacional (ISS) em 2018.

O CIMON pode ver, ouvir, compreender e falar através de reconhecimento facial e de voz, o que lhe permite navegar na estação espacial, localizar e recuperar objectos, documentar experiências e apresentar procedimentos.

Mais importante ainda, o CIMON actua como um companheiro de consolação emotivo que consegue detetar os níveis de stress. Foi treinado para prestar apoio psicológico utilizando as capacidades de linguagem natural do

Watson e pode conduzir os astronautas através de experiências terapêuticas para melhorar o seu estado de espírito.

A ISS e o Gateway lunar testarão outros sistemas inteligentes para antecipar as necessidades dos astronautas, fornecer recomendações e automatizar actividades de rotina. Os assistentes virtuais de IA estão também a ser adaptados para apoio psicológico em futuras missões a Marte que enfrentem falhas de comunicação no contacto com o controlo terrestre.

7.6. Referências

[1]. AM, L. (2023). Missões espaciais fora deste mundo com AI. https://doi.org/10.1038/s42256-023-00643-3

[2]. Chien, S., & Morris, R. (2014). Aplicações espaciais de sistemas artificiais
inteligência. Revista Ai, 35(4), 3-6.
https://doi.org/10.1609/aimag.v35i4.2551

[3]. ESA. (2023). Inteligência artificial no espaço[Online]. Disponível em:
https://www.esa.int/Enabling_Support/Preparin_intelligence_in_space

[4]. Garanhel, M. (2022). A IA na exploração espacial.[Online]. Disponível em:
https://www.aiacceleratorinstitute.com/ai-in-space-exploration/

[5]. Kumar, S., & Tomar, R. (2018, fevereiro). O papel da inteligência artificial
na exploração espacial. Em 2018, Conferência Internacional sobre Comunicação,
Computação e Internet das Coisas (IC3IoT) (pp. 499-503). IEEE.
https://doi.org/10.1109/IC3IoT.2018.8668161

[6]. Loeffler, J. (2023). As missões no espaço profundo vão testar a saúde mental dos astronautas.
Poderão os companheiros de IA ajudar? [Online]. Disponível em:
https://www.space.com/astronauts-artificial-intelligence-space-missions

[7]. Marr, B. (2023). Inteligência Artificial no Espaço: As Formas Surpreendentes
A aprendizagem automática está a ajudar a desvendar os mistérios do universo.
[Online].

[8]. NASA. (2017). Inteligência artificial e dados da NASA utilizados para descobrir o oitavo
Planeta circulando estrela distante.[Online]. Disponível em:
https://www.nasa.gov/news-release/artificial-intelligence-nasa-distant-star/

[9]. NASA. (2023). Mars Reconnaissance Orbiter - Telecomunicações.
[Online]. Disponível em:

https://mars.nasa.gov/mro/mission/spacecraft/parts/telecommunications/
[10]. Russo, A., & Lax, G. (2022). Usando inteligência artificial para o espaço desafios: Um estudo. Ciências Aplicadas, 12(10), 5106. https://doi.org/10.3390/app12105106
[11]. Vioque, M., Oudmaijer, R. D., Schreiner, M., Mendigutía, I., Baines, D., Mowlavi, N., & Pérez-Martínez, R. (2020). Catálogo de novos Herbig Ae/Be e estrelas Be clássicas. Uma abordagem de aprendizagem automática ao Gaia DR2. arXiv preprint arXiv:2005.01727. https://doi.org/10.1051/0004-6361/202037731
[12]. Declaração de exoneração de responsabilidade: Os pontos de vista aqui expressos são os do autor a sua capacidade privada e não representam necessariamente as opiniões de AZoM.com Limited T/A AZoNetwork o proprietário e operador do presente sítio Web. A presente declaração de exoneração de responsabilidade faz parte dos termos e condições de utilização do sítio Web este sítio Web.

Capítulo (8)
Tecnologias do futuro

8.1. Prefácio

Em Fate of the World, existem cinco campos de investigação: Biotecnologia, Energia, Informação, Materiais e Robótica. Nesta preocupação, quando um jogo começa, cada região do mundo começa com um número de "pontos" em cada campo, indicando o seu nível de avanço nesse campo específico. Por exemplo, uma região que esteja actualizada em termos de tecnologia energética mas atrasada em termos de tecnologia informática pode começar com um valor de Energia de 2020 e um valor de Informação de 1990 [1-10].

Início da investigação de valores					
Região	Biotecnologia	Energia	Informações	Materiais	Robótica
América do Norte	2020	2015	2020	2020	2010
América Latina	2000	2000	1995	1990	1990
Europa	2020	2010	2020	2020	2000
Norte de África	1970	1960	1960	1950	1950
África do Sul	1970	1975	1980	1965	1960
Rússia	1995	2010	2000	2000	1995
Médio Oriente	1970	1990	2000	1960	1960
Índia	1980	2000	1995	1970	1970
China	2010	2015	2020	2020	2000
Ásia do Sul	2000	2000	2020	2000	2000
Oceânia	2020	2005	2015	2000	2000
Japão	2015	2020	2020	2020	2020

Nota que estes valores não estão incorporados no jogo; os valores podem ser definidos para cada missão individual. No entanto, todas as missões padrão, incluindo a missão Denial descarregável, começam com estes valores.

No início de cada turno, cada região recebe um número de pontos adicionados aos cinco campos com base no IDH da região; as pessoas ricas, com boa educação e com vida longa investigam tecnologias mais rapidamente.

- IDH >= 0,95 = 5 pontos por turno
- IDH < 0,95 e >= 0,9 = 4 pontos por turno
- IDH < 0,9 e >= 0,85 = 3 pontos por turno
- IDH < 0,85 e >= 0,8 = 2 pontos por turno
- IDH < 0,8 = 1 ponto por turno

O GEO pode acelerar ainda mais o avanço com as cartas "Programa de Investigação". Se houver algum programa de investigação ativo numa região, o campo de investigação específico recebe 2 pontos extra em cada turno (por exemplo, uma região com IDH 0,95 e um Programa de Investigação Biotecnológica receberia 7 pontos no campo Biotecnológico e 5 pontos no resto em cada turno).

Quando uma região atinge um número de pontos num campo igual ou superior ao número de pontos necessários para uma tecnologia nesse campo, a região adquire essa tecnologia. Por 50 dólares, a GEO pode ajudar as regiões menos avançadas a "Adquirir" tecnologias, o que faz com que o número de pontos num campo de investigação da região seja o valor exato necessário para a tecnologia. A tecnologia é pesquisada e adquirida por ordem: uma região que não tenha desenvolvido biocombustíveis de 2ª geração tem de o fazer antes de poder desenvolver ou adquirir biocombustíveis de 3ª geração.

Coisas a descobrir: Os multiplicadores de eficiência visíveis nos ficheiros de dados estão implementados e qual a importância dos seus efeitos? Os valores de investigação fazem alguma coisa, exceto conduzir a descobertas, ou é apenas a velocidade do avanço tecnológico que afecta outras coisas?

O Mais Rápido Possível: Como a tecnologia de cada região é monitorizada separadamente da tecnologia de todas as outras regiões - ou seja, as regiões não partilham a investigação - vários programas de investigação do mesmo tipo não permitem uma primeira descoberta mais rápida de uma tecnologia. A primeira vez que uma tecnologia pode ser descoberta pode ser calculada pegando na data de investigação original (mostrada abaixo) e subtraindo 2025 (são necessários cinco anos para construir gabinetes de tecnologia em todas as regiões) e dividindo por 7, arredondando para cima. O benefício de um programa de investigação no início do jogo é, portanto, mais visível no final do jogo. Ignorando a tecnologia impossível de obter dos Espelhos Espaciais, a Nano-tecnologia de 2ª Geração e a Fusão de 2ª Geração são as tecnologias mais recentes do jogo e podem ser descobertas até dez turnos mais cedo do que normalmente seriam através da investigação.7 Calendário tecnológico

8.2. Vertente de investigação em biotecnologia

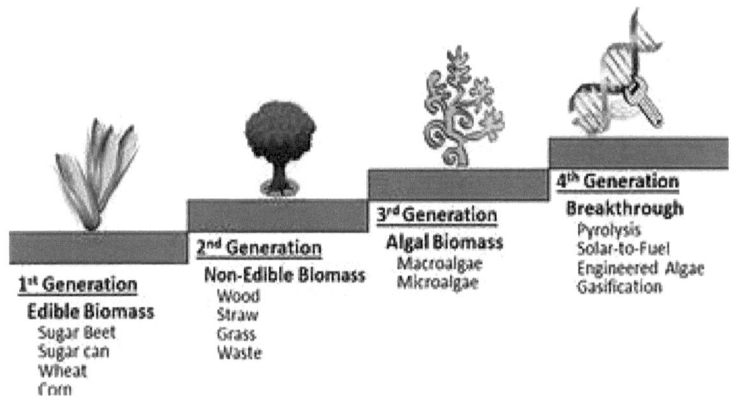

8.2.1. 2nd Geração de biocombustíveis (2050)

ndEnquanto os biocombustíveis de 1ª geração requerem a utilização de culturas como o trigo, o milho e o açúcar para criar biocombustíveis, os biocombustíveis de 2ª geração são produzidos a partir de resíduos agrícolas e de culturas que os seres humanos não comem. Por este motivo, os biocombustíveis de segunda geração podem ser produzidos sem utilizar alimentos, embora o cultivo de culturas para biocombustíveis continue a ocupar terras agrícolas. Além disso, os biocombustíveis de 2nd geração produzem menos emissões do que os biocombustíveis de 1.ª geração.

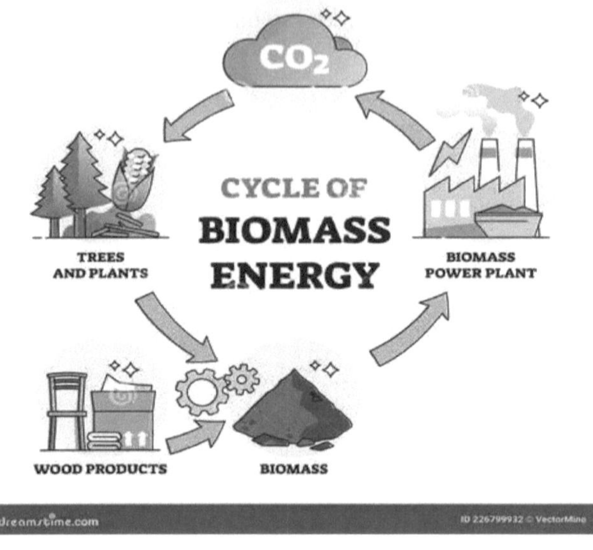

8.2.2. Estirpes de culturas de elevado rendimento (2070)

Culturas que foram geneticamente modificadas para proporcionar rendimentos elevados com necessidades reduzidas de pesticidas ou fertilizantes. Quando uma região tem acesso a estas variedades de culturas, elas podem ser implementadas. Uma carta de renovação de $60 aparecerá aleatoriamente quando uma região começar a utilizar estas variedades, por isso o jogador deve estar atento.

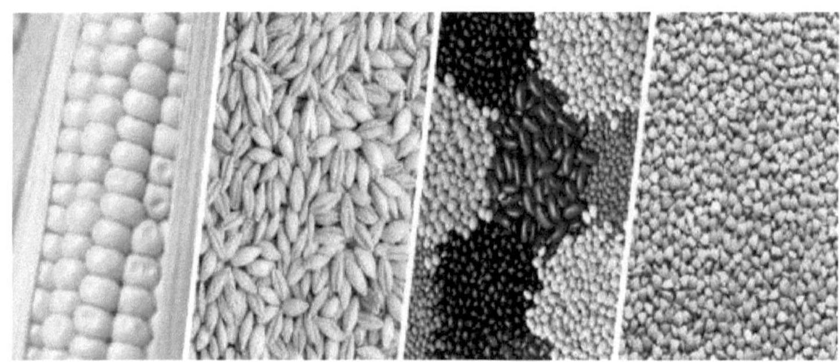

8.2.3. 3rd Geração de biocombustíveis (2110)

Os biocombustíveis de terceira geração são produzidos a partir de algas geneticamente modificadas cultivadas em cubas. A vantagem de utilizar algas em vez de outras plantas é o facto de poderem produzir consideravelmente mais energia por área de terra utilizada. Não afectam as reservas de água doce e podem ser cultivadas em lagos abertos ou no mar. Os biocombustíveis de 3ª geração produzem rendimentos muito elevados de óleo sintético e produtos petroquímicos.

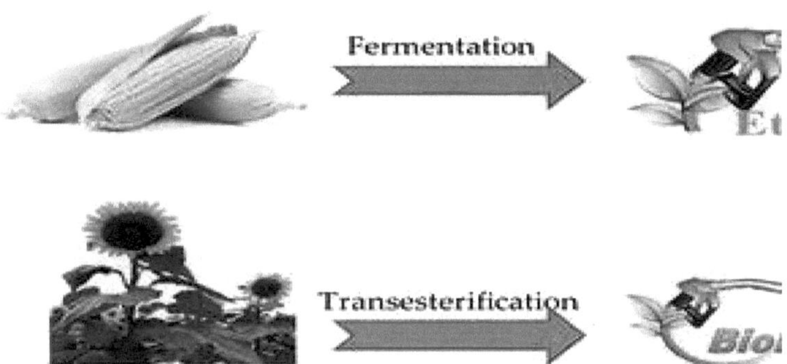

Se uma região tiver acesso aos biocombustíveis de 3ª geração e à nanotecnologia de 2ª geração, um agente na região pode implementar a descontaminação biótica. Isto reduz a toxicidade na região em 40%.

8.2.4. Nano-Medicina (2175)

A utilização de nano-robôs médicos para combater doenças, toxinas e aumentar a esperança de vida da população. Para desenvolver a nanomedicina, uma região precisa de ter acesso à nanotecnologia de primeira geração.

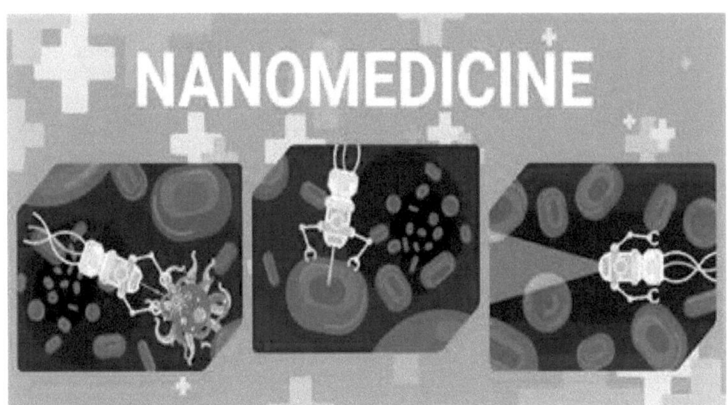

Por si só, a tecnologia de nanomedicina não faz nada; um agente GEO na região precisa de financiar um Programa de Nanomedicina, que define permanentemente a "incapa-city_frac_base" da região para 0,0001, essencialmente tornando a morte, doença ou ferimento na região quase impossível enquanto a carta for jogada. Embora ajude a aumentar a saúde geral de uma região, normalmente não é uma grande ajuda dado o quão avançada é a tecnologia e quão caro é mantê-la financiada. Além disso, com o passar do tempo, a população terá cada vez mais idosos, que exigem recursos (energia, comida, etc.) mas não contribuem para o PIB, o que pode prejudicar o equilíbrio no final do jogo. Note-se que esta carta não afecta coisas como a taxa de mortalidade, que resulta dos níveis de toxicidade ambiental. Assim, provavelmente não terá o impacto significativo esperado no IDH em regiões como a Índia ou a China.

A tecnologia nanomédica é, juntamente com a inteligência artificial e uma fábrica espacial operacional, um dos requisitos para uma Arca das Estrelas.

8.3. Vertente de investigação sobre energia

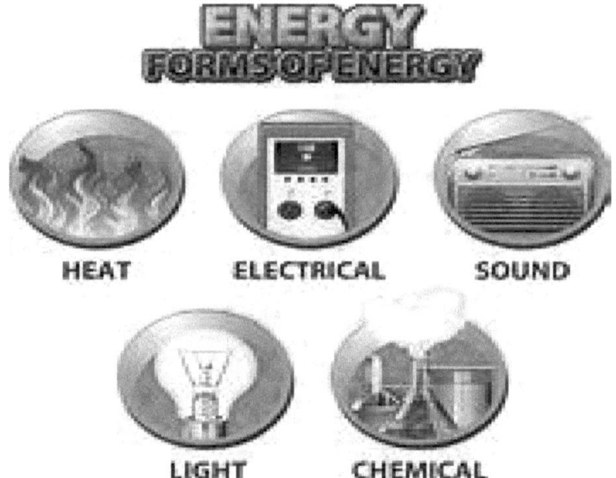

8.3.1. Fusão a frio (2011)

Não é reportado e não tem efeitos. Possivelmente um pedaço de código que sobrou ou uma tecnologia que ainda não foi implementada. Também é possível que tenha sido incluído como uma piada. A sua descrição diz sarcasticamente "invista seriamente neles", o que pode ser uma referência à reputação controversa da Fusão a Frio na ciência convencional.

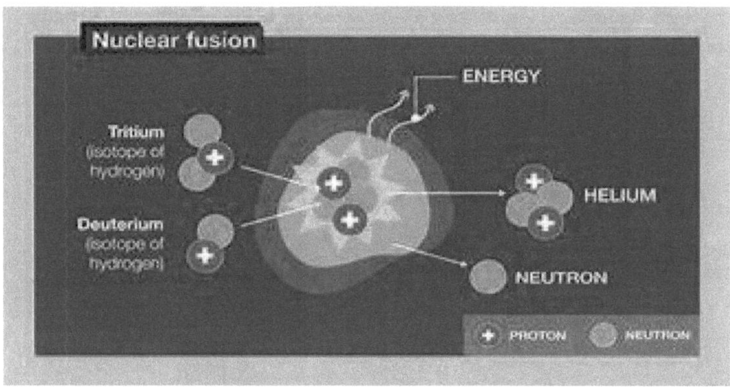

8.3.2. Captura e armazenamento de carbono (2035)

A captura e armazenamento de carbono (CAC) reduz as emissões capturando o CO2 das centrais eléctricas alimentadas a combustíveis fósseis e armazenando-o em segurança, impedindo-o de entrar na atmosfera e contribuir para o aquecimento. O CO2 pode ser armazenado em reservatórios de petróleo e gás esgotados, formações salinas profundas e jazidas de carvão não-mineráveis em terra ou no mar. Quando um sistema de CAC estiver amplamente estabelecido, uma região pode utilizar combustíveis fósseis com menos efeitos sobre o aquecimento. No entanto, o estabelecimento do sistema demora décadas.

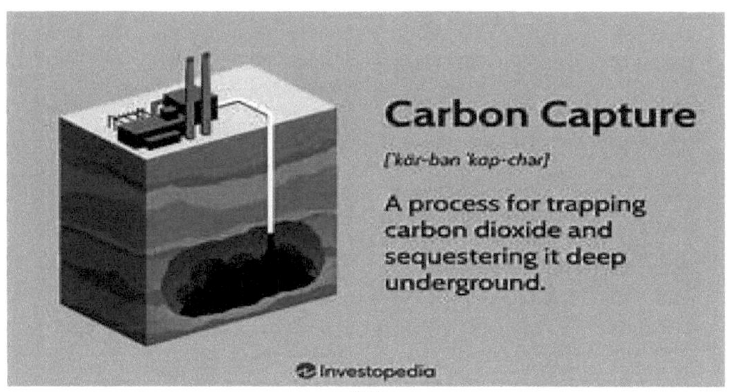

8.3.3. 4th Geração nuclear (reactores rápidos) (2040)

Os reactores de fermentação rápida aumentam a quantidade de urânio utilizável a que uma região tem acesso através da "reprodução" de combustível a partir de fontes de urânio que, de outro modo, seriam inutilizáveis. Isto permite um aumento de 78% na eficiência da utilização do urânio. No entanto, estes reactores também podem ser utilizados para criar plutónio para armas, o que torna esta tecnologia perigosa nas mãos de regiões altamente militantes ou instáveis.

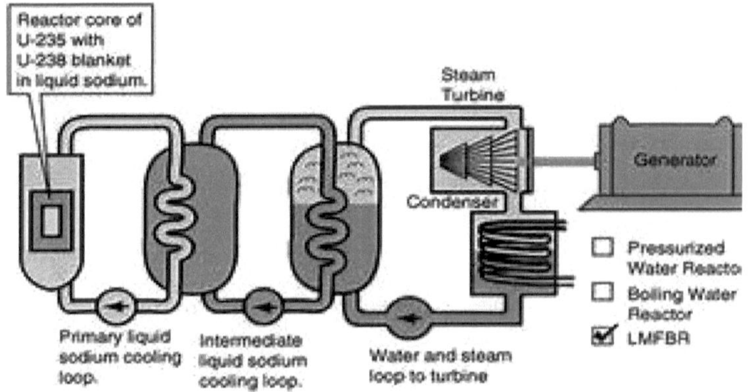

8.3.4. Célula fotovoltaica concentrada (2065)

Uma região que se comprometa com as energias renováveis normalmente só aumentaria a sua utilização de energia solar em 0,0001% por turno e estaria limitada a um máximo de 20%. As células solares fotovoltaicas concentradas permitem expansões significativas na produção de energia solar, fazendo com que as regiões que se comprometem com as energias renováveis obtenham três vezes mais expansão de energia solar por turno e alterando o limite para 50%.

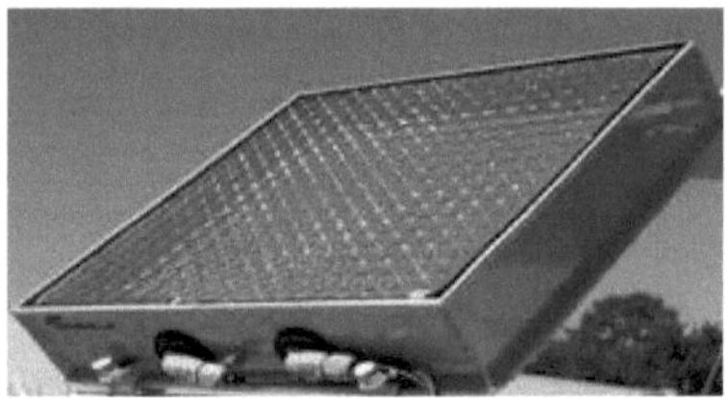

As células solares fotovoltaicas concentradas são, juntamente com materiais super-resistentes e nanotecnologias de primeira geração, necessárias para a criação de colectores solares espaciais.

8.3.5. 1st Geração Fusão (2130)

Abre o caminho para a energia de fusão, uma nova fonte de energia limpa e renovável. A energia de fusão tem o potencial de revolucionar o sector da energia e acabar com a ameaça de escassez, após as várias décadas que o material precisa para chegar. A fusão é mais poderosa nas primeiras versões do jogo, em que a sua carta de mobilização acrescenta uns fantásticos 1000 MWh por turno.

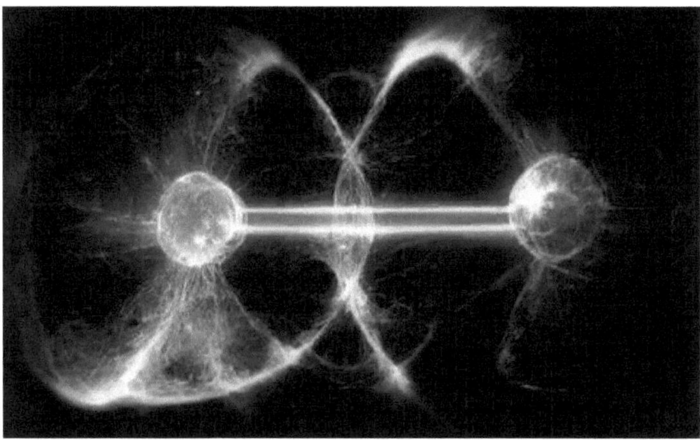

O desenvolvimento da tecnologia não faz nada por si só; um agente deve iniciar uma carta para "Implementar Fusão de 1ª Geração". Isto aumenta a utilização de energia de fusão numa região em 0,0012% por turno.

8.3.6. 2nd Geração Fusão (2200)

2 Os reactores de fusão da geraçãond são mais limpos, mais leves e mais eficientes, mas requerem hélio-3, um isótopo que é raro na Terra mas comum na Lua.

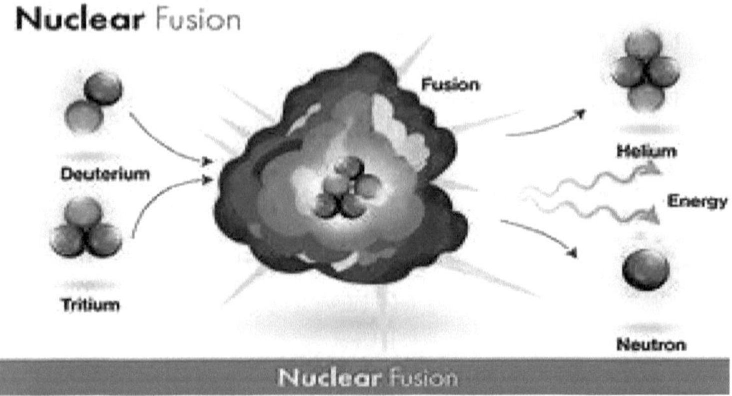

Uma vez descoberta, um agente numa região com esta tecnologia pode "Implementar Fusão de 2ª Geração". Se a extração lunar de He3 não estiver a ser implementada, isto apenas dá à região um aumento de 0,0036% no uso de energia de fusão por turno. No entanto, se estiverem a ser enviados carregamentos de hélio-3 da Lua para a Terra, este aumento é de 0,018% por turno.

8.4. Vertente de investigação em tecnologias da informação

8.4.1. Redes inteligentes (2030)

As redes inteligentes são uma forma de interligar as redes eléctricas através de comunicações digitais bidireccionais para utilizar a eletricidade da forma mais eficiente possível. Ao distribuir a eletricidade de forma mais eficiente, as redes inteligentes reduzem os custos da energia e, para um sistema que depende de combustíveis fósseis, reduzem as emissões do sector energético. As redes inteligentes podem também tornar os sistemas energéticos mais fiáveis, utilizando informações em tempo real de toda a rede para corrigir falhas.

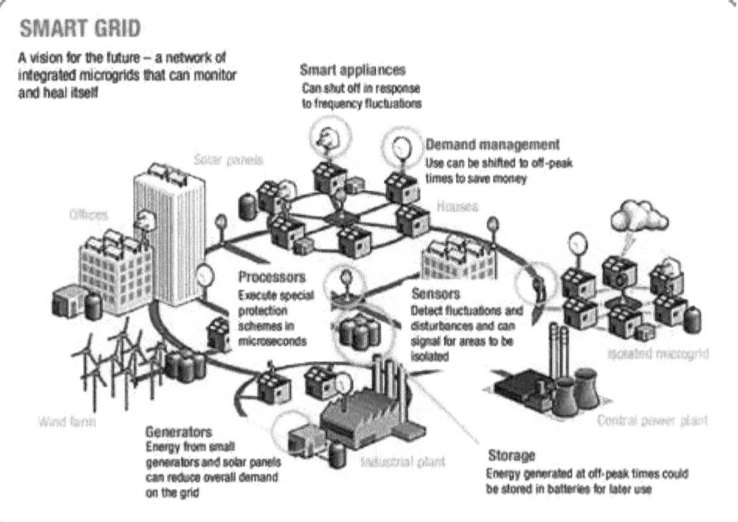

No jogo, esta tecnologia não tem efeitos mecânicos numa região, exceto ser utilizada como um trampolim para outras tecnologias da informação.

8.4.2. Computação quântica (2090)

Aumenta a produtividade em todos os sectores e prepara o caminho para as máquinas sencientes. Esta tecnologia aumenta em 20% o PIB por trabalhador nos sectores agrícola, comercial e industrial de uma região.

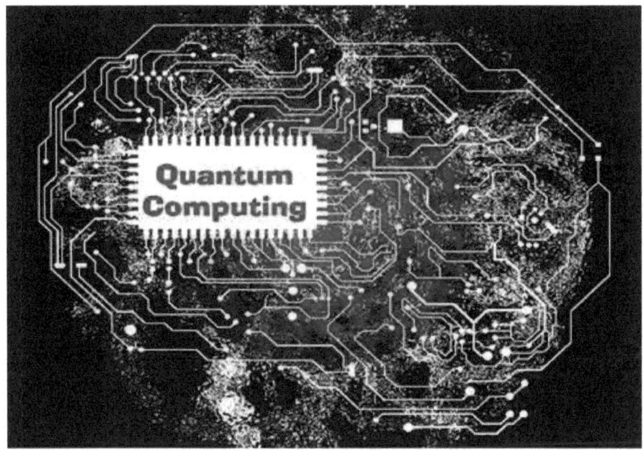

8.4.3. Redes superinteligentes (2110)

Permite a exploração máxima dos recursos renováveis. As redes superinteligentes reduzem em 15% a quantidade de eletricidade necessária na região. Para isso, multiplicam por 0,85 a energia utilizada por trabalhador nos sectores da agricultura, comércio e indústria e a energia utilizada por habitação.

As redes superinteligentes também permitem uma expansão rápida e eficiente das fontes de energia renováveis; eliminam quaisquer limitações à expansão solar, hidroelétrica, das marés, eólica e geotérmica e aumentam a expansão de cada uma destas fontes de energia por turno nas regiões que estão a apostar nas energias renováveis.

8.4.4. Inteligência Artificial (2150)

Inteligências informáticas cujo funcionamento ultrapassa os padrões humanos. Esta tecnologia permite a implementação de IAs de segurança, de mercado e de meteorologia (cada uma a $50/volta).

As IAs de segurança garantem a estabilidade regional e reduzem significativamente a militância, integrando-se com as forças da lei e mantendo uma vigilância orwelliana sobre possíveis dissidentes. No entanto, em regiões que já estão satisfeitas, esta medida drástica de segurança tornar-se-á rapidamente odiada, diminuindo o apoio da GEO quanto mais tempo permanecer em funcionamento.

As IAs de mercado são salvaguardas contra um colapso financeiro que prejudica uma região. Qualquer Região sob a orientação de uma IA de Mercado não sofrerá o desemprego em massa ou o colapso do PIB que os sectores comerciais sobrecarregados frequentemente causam (especialmente quando há escassez de recursos). Não foi demonstrado que as IAs de Mercado aumentem o PIB ou a eficiência de uma Região, embora os ficheiros de dados mostrem que aumentam o PIB por trabalhador "temp_product" nos três sectores de trabalho em "prod 2". Presume-se que isto faz com que os três sectores de trabalho da região cresçam alternadamente, impedindo que o sector comercial domine os outros e provoque um colapso. Além disso, de acordo com os ficheiros do jogo, se 6 regiões (metade do mundo) estiverem a usar IAs de mercado ao mesmo tempo, não pode ocorrer um colapso financeiro global.

As IAs Meteorológicas ajudam a alertar a Região para catástrofes iminentes e a diminuir o seu impacto. À medida que as temperaturas sobem e as catástrofes se tornam mais frequentes, uma IA Meteorologista fará tudo o que estiver ao seu alcance para manter a população de uma Região fora de perigo, aumentando o seu apoio ao GEO e minimizando os efeitos da catástrofe. No entanto, tal como as defesas da catástrofe podem ser ultrapassadas, também a IA pode ser ultrapassada, pelo que não vai conseguir parar tudo. De acordo com os ficheiros do jogo, uma IA Meteoro-lógica ativa reduz a gravidade de todas as secas, inundações, tempestades e casos de erosão em -4.

A inteligência artificial, juntamente com a nano-medicina e uma fábrica espacial funcional, são necessárias para construir a Arca Estelar. As regiões com despressurização bentónica podem utilizar inteligências artificiais para explorar com segurança os depósitos de clatratos sem receio de erupções de clatratos, uma tecnologia semi-"oculta" chamada Extração Avançada de Clatratos.

8.5. Vertente de investigação sobre materiais

8.5.1. Técnicas avançadas de perfuração (2024)

As técnicas avançadas de perfuração permitem uma maior exploração do petróleo e do gás e um aumento do potencial de energia geotérmica.

Mecanicamente, esta tecnologia permite a exploração de gás natural em profundidade, proporciona um aumento de 5% na quantidade de petróleo convencional que pode ser recuperado, aumenta a produção total de petróleo convencional em 10% e permite expansões maiores e mais rápidas da energia geotérmica.

Uma região que se comprometa com as energias renováveis normalmente só aumentaria a sua utilização de energia geotérmica em 0,0012% por turno e estaria limitada a um máximo de 20%. Com técnicas de perfuração avançadas, as regiões que apostam nas energias renováveis obtêm três vezes mais energia geotérmica por turno e estão limitadas a 50%.

8.5.2. Materiais super-resistentes (2080)

Os materiais super-resistentes são fortes e duradouros, mas muito flexíveis, permitindo a criação de construções avançadas. Esta tecnologia permite aumentar em 10% o "max_robotspw" e em 2% os "tectos de crescimento dos robôs" dos três sectores eco-nómicos.

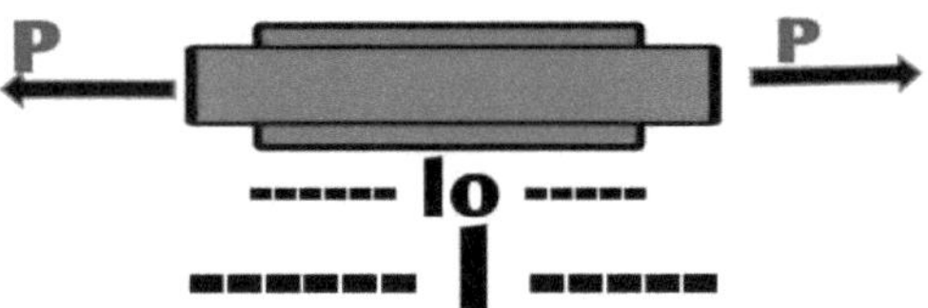

Além disso, os materiais super-resistentes aumentam o potencial de geração de energia eólica. Uma região que se comprometa com as energias renováveis normalmente só aumentaria a sua utilização de energia eólica em 0,00015%/turno e estaria limitada a um máximo de 20%. Com materiais super-resistentes, as regiões que se comprometem com as energias renováveis obtêm três vezes mais expansão de energia eólica por turno e estão limitadas a 50%.

8.5.3. 1st Nanotecnologia de geração (2125)

1st A nanotecnologia de geração permite a montagem em massa de moléculas complexas. A nanotecnologia de primeira geração permite a extração de hélio-3 lunar, a colonização da Lua e de Marte, a criação de matérias-primas sintéticas, a construção de árvores artificiais e o desenvolvimento biotecnológico da nanomedicina.

1st A nanotecnologia de primeira geração é, juntamente com as células fotovoltaicas, um dos requisitos para a recolha de energia solar no espaço. Combinada com a computação quântica, a nanotecnologia de 1ª geração também permite o desenvolvimento de biomas artificiais. De acordo com os ficheiros do jogo, muitas cartas que requerem nanotecnologia de 1ª geração requerem também materiais super-resistentes. Isto é estranho, uma vez que todas as regiões com nanotecnologia de 1ª geração já têm materiais super-resistentes. O requisito de ambos é provavelmente um resquício da fase de desenvolvimento do jogo em que os materiais e a nanotecnologia eram duas vertentes de investigação diferentes.

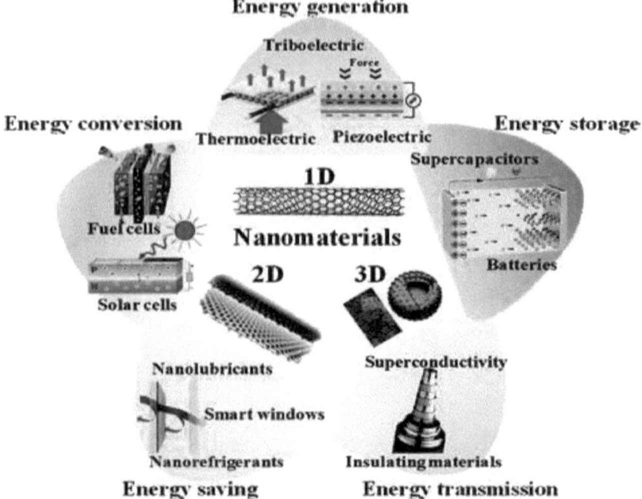

8.5.4. 2nd Nanotecnologia de geração (2200)

2 A nanotecnologia dend geração permite a construção de robôs microscópicos autónomos capazes de realizar tarefas muito para além da capacidade humana. Combinada com a tecnologia dos biocombustíveis de terceira geração, a nanotecnologia de segunda geração permite reduzir drasticamente a toxicidade de uma região através da descontaminação biótica.

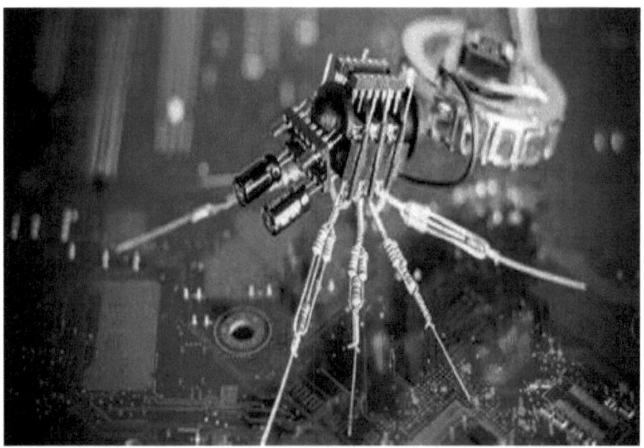

Mais importante ainda, a nanotecnologia de segunda geração permite a exploração de asteróides, o que, por sua vez, permite a criação de uma fábrica espacial orbital, necessária para a criação da Arca das Estrelas. No entanto, estes avanços não têm qualquer outro efeito para além de servirem de trampolim para uma vitória da Arca das Estrelas.

8.5.5. Espelho espacial/escudos

Não é reportado e não tem efeitos. Possivelmente um pedaço de código que sobrou ou uma tecnologia que ainda não foi implementada. Seriam necessários 1140 turnos com um Programa de Pesquisa de Materiais a decorrer constantemente numa região com um IDH de 0,95 ou mais para atingir o valor de pesquisa necessário para esta tecnologia.

8.6. Vertente de investigação em robótica

8.6.1. Aerossóis estratosféricos (2050)

A utilização de aerossóis estratosféricos é a única forma de baixar a temperatura global, e é especialmente importante quando o círculo ártico começar a derreter e a libertar metano. No entanto, as regiões com perspectivas ecológicas perderão muito apoio se os aerossóis forem aplicados nessas regiões. As regiões eco-fanáticas podem perder até 5 corações de apoio de cada vez.
Além disso, a supressão do aumento da temperatura com aerossóis estratosféricos, enquanto os níveis de carbono atmosférico continuam a aumentar, pode criar um desequilíbrio no clima global que resulta numa diminuição da precipitação e num aumento do risco de seca em muitas, se não na maioria, das regiões do mundo. Isto, por sua vez, pode aumentar consideravelmente o stress hídrico em todo o mundo; assim, a generalização da utilização de aerossóis estratosféricos deveria, idealmente, ser acompanhada por programas ainda mais generalizados de combate à seca e de gestão da água.

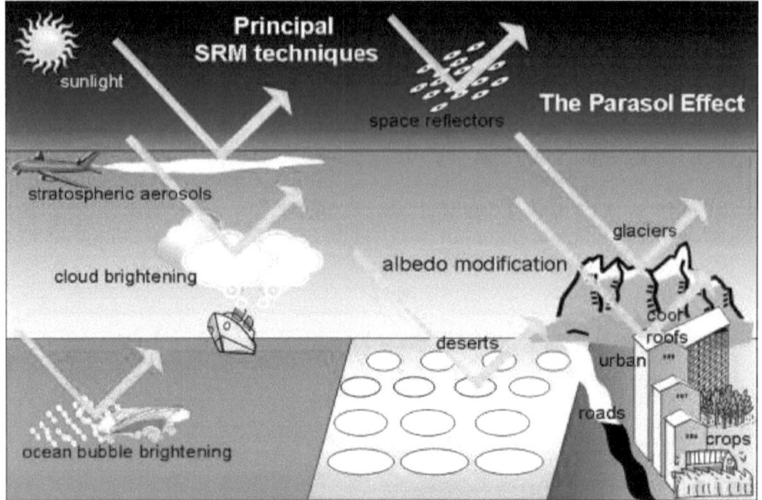

Uma técnica barata, mas altamente controversa, para arrefecer o planeta através da deposição de aerossóis na atmosfera para refletir a luz solar de volta para o espaço, diminuindo essencialmente a força extra radiativa do mundo.

8.6.2. Depressurização bentónica (2070)

A despressurização bentónica permite a exploração comercial de depósitos de clatratos de metano no fundo do mar, criando uma nova fonte de gás natural. Infelizmente, os depósitos de clatratos são altamente instáveis; há uma probabilidade de 5% por turno de uma região perder o controlo de um depósito de clatratos que está a tentar explorar. Isto faz com que o metano aprisionado irrompa do oceano e se espalhe para a atmosfera como gás com efeito de estufa, causando um aumento temporário extremo no forçamento radiativo extra.

Se uma região tiver ambas as tecnologias de despressurização bentónica e de inteligência artificial, a região desbloqueia a tecnologia semi-oculta "Extração Avançada de Clatratos", permitindo que as IAs monitorizem os processos de extração de clatratos. Isto anula completamente a hipótese de erupções de clatratos na região.

Devido ao perigo que as erupções de clatrato representam para o ambiente, é muitas vezes uma boa estratégia proibir globalmente a extração de clatrato numa fase inicial e depois levantar gradualmente a proibição nas regiões que dispõem de tecnologia de inteligência artificial.

8.6.3. Turbinas avançadas (2090)

As turbinas são a chave para a produção de energia tal como a conhecemos e os seus avanços trazem mudanças em todo o sector da energia. Esta tecnologia aumenta em 10% a eficiência energética das fontes de energia a carvão, gás, petróleo e urânio.

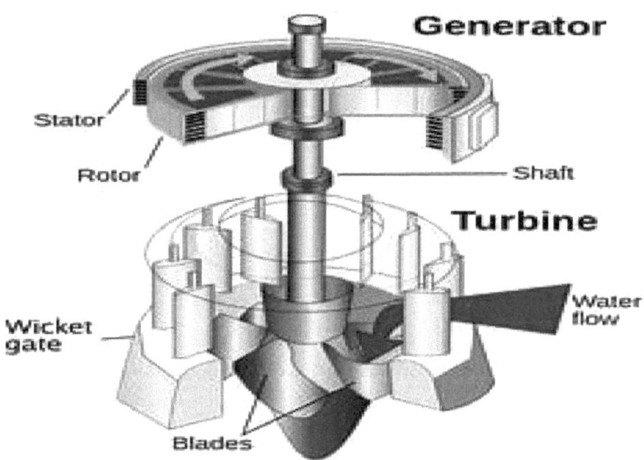

Além disso, as turbinas avançadas aumentam o potencial de produção de energia das marés e hidroelétrica. Uma região que se comprometa com as energias renováveis normalmente só aumentaria a sua utilização de energia hídrica em 0,03%/volta (e estaria limitada a um máximo de 70%) e aumentaria a sua utilização de energia das marés em 0,0006%/volta (e estaria limitada a um máximo de 20%). Com turbinas avançadas, as regiões que se comprometem com as energias renováveis obtêm o triplo da expansão da energia hídrica e da energia das marés por rotação e aumentariam o limite da energia hídrica para 80% e o limite da energia das marés para 50%.

8.6.4. Dessalinização termo-iónica (2140)

A dessalinização termo-iónica permite a purificação da água do mar com um consumo de energia muito reduzido. Por si só, esta tecnologia não faz nada; um agente é obrigado a financiar um "Programa de Dessalinização" na região com esta tecnologia. A cada turno que o programa é executado, a quantidade de água doce a que a região tem acesso aumenta em 5%. Isto é caro, mas é muitas vezes a única forma de combater o stress hídrico em regiões áridas que não se conseguem sustentar, como o Norte de África, o Médio Oriente e a Índia.

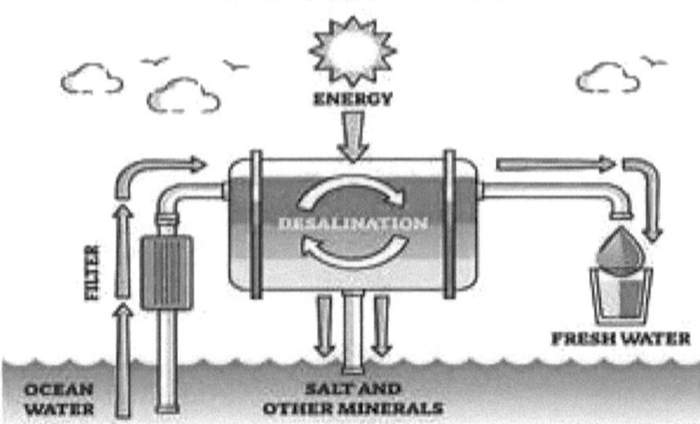

8.7. Dados não implementados

8.7.1. Linhas de investigação ocultas

Para além das cinco vertentes de investigação utilizadas no jogo, os ficheiros de dados de Fate of the World incluem referências a vários outros campos de investigação que não são utilizados no jogo. É provável que estas vertentes tenham sido eliminadas e integradas nas cinco vertentes actuais.

- Combustíveis fósseis
- Genética
- Geo-engenharia
- Nanotecnologia
- Nuclear
- Energias renováveis
- Espaço

8.8. Tecnologias ocultas

Juntamente com linhas de investigação ocultas, os ficheiros de dados incluem referências a tecnologias que não são usadas diretamente no jogo. Apesar de nenhuma destas tecnologias ter sido implementada, os ficheiros de dados mostram que cada região tem um "acesso" diferente a elas da mesma forma que teria a uma tecnologia normal; a América do Norte, a Europa, a China, o Japão e a Oceânia têm acesso a todas as tecnologias ocultas (com exceção da Oceânia, onde faltam os carros eléctricos), enquanto as outras regiões não têm acesso a algumas.

- Biocombustíveis de 1ª geração - A utilização de culturas alimentares como o milho e o trigo para criar biocombustíveis. Todas as 12 regiões dispõem desta tecnologia.

- Reactores nucleares de terceira geração - Reactores nucleares avançados de água leve. Apenas o Norte de África não dispõe desta tecnologia.
- Automóveis eléctricos - Automóveis que funcionam completamente apenas com energia eléctrica. A Oceânia é a única região desenvolvida que não dispõe desta tecnologia.
- Automóveis híbridos - Automóveis que funcionam tanto com fuelóleo como com energia eléctrica.
- A Internet - uma rede mundial de computadores. A par das regiões desenvolvidas, o Sul da Ásia dispõe desta tecnologia.
- Aterragem na Lua - A capacidade de aterrar naves espaciais na Lua. Para além das regiões desenvolvidas, a América Latina, a Rússia e o Sul da Ásia possuem esta tecnologia.
- Reactores de nova geração - Desconhecido, pois não há qualquer pista sobre o tipo de reator a que se refere. Curiosamente, em vez de marcar esta tecnologia com um "1" para indicar se uma região a possui, os ficheiros do jogo indicam-na com um "3". Todas as regiões fora de África têm esta tecnologia.
- Parques eólicos offshore - Parques eólicos construídos no mar e não em terra.
- Armas orbitais - Armas militares susceptíveis de serem lançadas a partir da órbita terrestre. Para além das regiões desenvolvidas, a América Latina, a Rússia e o Sul da Ásia dispõem desta tecnologia.
- Energia solar concentrada (Solar CSP) - A utilização de espelhos e lentes para concentrar a luz solar num motor térmico para produzir energia.
- Solar Fotovoltaica (Solar PV) - Concentração da luz solar em material solar fotovoltaico, tornando a produção de energia solar menos dispendiosa e mais eficiente. Esta tecnologia é efetivamente utilizada no jogo, mas só depois de ser pesquisada (ver acima). Para além das regiões desenvolvidas, o Sul da Ásia possui esta tecnologia.
- Urânio através de fosfatos - Extração de urânio utilizável a partir de minerais de fosfato. Para além das regiões desenvolvidas, a América Latina, a Rússia, a Índia e o Sul da Ásia dispõem desta tecnologia.

8.9. Horário técnico

Nome	Data original da descoberta	Data mínima de descoberta	Possível aceleração	Árvore
Técnicas avançadas de perfuração	2024	2025	0	Materiais
Redes inteligentes	2030	2030	0	Informações
Captura e armazenamento de carbono	2035	2035	0	Energia
4th Geração Nuclear	2040	2040	0	Energia

2nd Geração de biocombustíveis	2050	2045	5	Biotecnologia
Aerossóis estratosféricos	2050	2045	5	Robótica
Célula solar fotovoltaica	2065	2055	10	Energia
Estirpes de culturas de elevado rendimento	2070	2060	10	Biotecnologia
Despressurização bentónica	2070	2060	10	Robótica
Materiais super-resistentes	2080	2065	15	Materiais
Turbinas avançadas	2090	2075	15	Robótica
Computação quântica	2090	2075	15	Informações
Redes super inteligentes	2110	2090	20	Informações
3rd Geração de biocombustíveis	2110	2090	20	Biotecnologia
1st Geração Nanotecnológica	2125	2100	25	Materiais
1st Geração Fusão	2130	2100	30	Energia
Dessalinização termo-iónica	2140	2110	30	Robótica
Inteligência Artificial	2150	2115	35	Informações
Nano-Medicina	2175	2135	40	Biotecnologia
2nd Geração Nanotecnológica	2200	2150	50	Materiais
2nd Geração Fusão	2200	2150	50	Energia
Espelho espacial/escudos	9999	7725		Materiais

8.10. Referências

[1]. A IA deverá ultrapassar o poder do cérebro humano Arquivado em 2008-02-19
no Máquina Wayback CNN.com (26 de julho de 2006)

[2]. Kaplan, Andreas; Haenlein, Michael (2019). "Siri, Siri, na minha mão: Quem é
a mais bela da terra? Sobre as interpretações, ilustrações e implicações da inteligência artificial". Business Horizons. 62: 15-25.

[3]. Kurtzweil 2005, p. 264

[4]. Conselho Nacional de Investigação (1999),
"Developments in Artificial Intelligence", Funding a Revolution: Apoio governamental à investigação informática, Academia Nacional Press, ISBN 978-0-309-06278-7, OCLC 246584055 em "Artificial A inteligência nos anos 90"

[5]. Biever, Celeste (25 de julho de 2023).
"ChatGPT quebrou o teste de Turing - a corrida está a decorrer para novas formas de avaliar a IA".
Natureza. Recuperado em 26 de julho de 2023.

[6]. Ano aproximado em que a IA começou a vencer os melhores especialistas humanos

[7]. Van den Herik, H.Jaap; Uiterwijk, Jos W.H.M.; van Rijswijck, Jack (2002).
"Jogos resolvidos: Agora e no futuro". Inteligência Artificial. 134 (1-2): 277-311.
[8]. Madrigal, Alexis C. (2017). "Como as damas foram resolvidas".
O Atlântico. Arquivado em 6 de maio de 2018. Recuperado em 6 de maio de 2018.
[9]. "www.othello-club.de". berg.earthlingz.de. Arquivado em 2018-07-15. Recuperado em 2018-07-15.
[10]. Webley, Kayla (15 de fevereiro de 2011).
"Os 10 melhores momentos homem-máquina". Tempo. Arquivado em 26 de dezembro
2017. Recuperado em 28 de dezembro de 2017.

Capítulo (9)

Conclusão

A partir do estudo e da análise dos dados, pode concluir-se que:

- A energia solar é a luz radiante e o calor do sol que é aproveitado através de uma série de tecnologias, como a energia solar para gerar eletricidade, a energia solar térmica (incluindo o aquecimento solar da água) e a arquitetura solar. É uma fonte essencial de energia renovável e as suas tecnologias são amplamente caracterizadas como solar passiva ou solar ativa, dependendo da forma como captam e distribuem a energia solar ou a convertem em energia solar. As técnicas solares activas incluem a utilização de sistemas fotovoltaicos, energia solar concentrada e aquecimento solar de água para aproveitar a energia. As técnicas solares passivas incluem a orientação de um edifício para o sol, a seleção de materiais com massa térmica favorável ou propriedades de dispersão da luz e a conceção de espaços que façam circular o ar naturalmente.

- A Inteligência Artificial (IA), no seu sentido mais lato, é a inteligência exibida pelas máquinas, em particular pelos sistemas informáticos. É um domínio de investigação em ciências informáticas que desenvolve e estuda métodos e software que permitem às máquinas perceber o seu ambiente e utilizar a aprendizagem e a inteligência para tomar medidas que maximizem as suas hipóteses de atingir objectivos definidos. Essas máquinas podem ser designadas por IAs. Neste contexto, algumas aplicações de alto nível da IA incluem motores de pesquisa avançados na Web (Google Search), sistema de recomendação utilizado pelo You-tube, Amazon e Netflix), interação através da fala humana (Google Assistant, Siri), veículos autónomos (Waymo), ferramentas generativas e criativas (ChatGPT e arte com IA) e jogo e análise sobre-humanos em jogos de estratégia (Xadrez e Go). No entanto, muitas aplicações de IA não são percepcionadas como IA: "Muita IA de ponta foi filtrada para aplicações gerais, muitas vezes sem ser designada por IA, porque quando algo se torna suficientemente útil e comum, deixa de ser rotulado como IA".

- A inteligência artificial será cada vez mais um fator diferenciador para levar os edifícios, as infra-estruturas e as indústrias à sua máxima eficiência energética. Conceitos como a otimização da procura e a flexibilidade energética beneficiarão cada vez mais da interligação das informações fornecidas pela inteligência artificial. Graças à utilização da inteligência artificial e à identificação automática de anomalias e medidas de poupança de energia, os decisores poderão dedicar o seu tempo ao que é importante, dando prioridade às acções com maior impacto.

- Prevêem-se também maiores investimentos em soluções de energia verde, incluindo sistemas de armazenamento de energia de IA, na sequência da crise energética mundial. Ao mesmo tempo, a concorrência neste sector continua a ser média, se não mesmo fraca. Nesta preocupação, na presente parte do trabalho, estamos a partilhar conhecimentos sobre a criação de software de IA para armazenamento de energia, a discutir os casos de utilização e os benefícios da IA no sector da energia e a identificar as bases necessárias para criar um software robusto alimentado por IA.

- A inteligência artificial (IA) está a transformar numerosas indústrias, e a exploração espacial não é exceção. À medida que nos aventuramos mais profundamente no cosmos, a IA torna-se mais crítica para ultrapassar os desafios dos longos atrasos de comunicação, lidar com conjuntos de dados maciços e permitir sistemas robóticos autónomos de exploração planetária.

- O papel da IA na exploração espacial é transformador, processando vastos dados de corpos celestes e prevendo riscos como tempestades solares e detritos espaciais. Aumenta a autonomia das naves espaciais, reduz a dependência humana e ajuda os astronautas nas operações, na navegação e na monitorização dos satélites.

Printed by Books on Demand GmbH, Norderstedt / Germany